GUÉRI

Comment Dieu répare ce que les relations ont brisé

Abizera Gahama Gaëlla

Guéri: Comment Dieu répare ce que les relations ont brisé

ISBN : 978-9914-27-414-1

Couverture : ETSITSO AGENCY

SOMMAIRE

REMERCIEMENTS	5
INTRODUCTION	9
L'OFFENSES ET SES EFFETS	19
LE PARDON	27
LA SOUMISSION A DIEU	37
LE PRINCIPE DE L'HONNEUR	45
LES OBSTACLES A LA GUERISON	55
TEMOIGNAGES DE GUERISON	65
CONCLUSION	144

REMERCIEMENTS

À Dieu,

Toi qui veilles sur moi avec une fidélité sans faille. Ta Parole déclare que Tu es le gardien de mon âme, Celui qui me préserve de tout mal (Psaume 121 :5 ; 1 Pierre 2 :25, LSG). Ce livre est le témoignage vivant d'une âme que Tu as portée, restaurée, guérie et protégée. Reçois toute ma reconnaissance. Merci pour Ta main constante sur ma vie.

À mon mari et ami, Florian,

Ton amour est l'un des langages les plus doux par lesquels Dieu parle à mon cœur. Dans mes saisons de doute et de peur, tu as été une voix rassurante, un refuge sûr. Merci de créer un espace où mon âme peut respirer, guérir et grandir. Merci pour chaque contribution dans l'écriture de ce livre : tes paroles, tes idées, tes rappels précieux. Tu es un don inestimable dans ma vie. Je t'aime profondément.

À Heaven et Thea, mes filles,

Vous êtes la raison pour laquelle je choisis courageusement le chemin de la guérison. En vous regardant, je vois l'avenir, et je décide de ne pas vous transmettre les blessures d'hier, mais une liberté émotionnelle et une paix durable. Vous êtes mon inspiration, mon amour, ma motivation.

À mes pasteurs,

Particulièrement Pasteur Michou et Pasteur Viola, merci d'être des instruments de restauration, des parents spirituels qui portent et relèvent les âmes blessées avec amour et vérité.

Àux Pasteur Muriithi et Carol Wanjau, chaque fois que vous m'avez appelée « votre fille », quelque chose en moi se réparait. Ces moments ont brisé les murs que l'offense avait érigés, et m'ont conduite dans un lieu de guérison où j'ai pu vous recevoir, ainsi que Pasteur Michou et Viola, comme des parents spirituels.

À ma sœur Tania,

Je tiens à t'exprimer toute ma gratitude pour le temps précieux que tu as consacré à cet ouvrage. Merci pour ta rigueur, pour tes corrections patientes, pour ces rappels si justes au moment opportun, et pour ton regard attentif sur chaque détail de la mise en page. Merci de m'avoir accompagnée avec sagesse et excellence, et de m'avoir guidée avec tant de cœur afin que ce livre devienne un ouvrage digne du message qu'il porte. Je suis convaincue que Dieu savait exactement de qui j'avais besoin pour cette étape. Ta présence n'est pas le fruit du hasard, mais une réponse divine sur ce chemin.

À Sandrine Muhinkwenyere,

Merci pour ton regard attentif et ton engagement dans la relecture et l'édition de ce livre. Tes réflexions, ta sensibilité et tes corrections ont contribué à donner à ce message toute sa clarté et sa profondeur.

À toutes celles et ceux qui ont accepté de partager leur témoignage à travers ces pages, merci.

Merci d'avoir ouvert votre cœur avec courage. Merci d'avoir accepté d'être des instruments entre les mains de Dieu, afin que d'autres puissent trouver le chemin de la guérison. Votre oui n'est pas anodin. Il est une semence d'espérance. Merci d'avoir permis à Dieu de transformer vos histoires marquées par la souffrance en récits de victoire. À travers vous, Il révèle qu'aucune douleur n'est vaine lorsqu'elle est déposée entre Ses mains, et qu'Il demeure le Dieu qui restaure, qui relève et qui guérit. Vous êtes devenus, par votre obéissance, des porteurs de lumière dans les zones d'ombre, des messagers silencieux mais puissants de la grâce de Dieu. Merci d'être, pour chaque lecteur blessé, des semeurs d'espérance, des témoins vivants qu'une vie restaurée est possible.

.

INTRODUCTION

Quand j'ai donné ma vie à Christ en 2007, Dieu a guéri mon cœur, qui était noirci par les douleurs du passé et le péché. La nouvelle église est très vite devenue une nouvelle famille pour moi. J'y ai non seulement trouvé le sens de la vie à travers le service, mais Dieu m'a aussi donné des connexions et des relations exceptionnelles. C'est dans cette communauté que j'ai rencontré mon mari. Nous avons cheminé ensemble, grandi et servi avec joie au sein de cette même communauté. Cette Église-famille était pour moi comme un refuge, car je pensais que les relations en son sein représentaient une forme de perfection que la famille biologique ne pouvait pas offrir.

Mais ce que j'ignorais, c'est que les mêmes personnes que je côtoyais venaient elles aussi de familles brisées, et que nous recherchions tous ensemble la restauration et la guérison en Christ. Mon illusion s'est vite dissipée lorsque, au fil des années, j'ai commencé à remarquer certaines réalités, sources de frustrations certes, mais encore gérables. La même famille que je considérais comme parfaite ne me semblait plus aussi parfaite que je le croyais. Je justifiais, j'essayais de donner des explications logiques, et je pardonnais.

Après quelques années, une crise majeure a fait que nous avons dû quitter cette famille pour en rejoindre une nouvelle. Cette séparation a déchiré nos cœurs. Nous avons perdu des relations précieuses ; les bons moments que nous y avions vécus ne représentaient plus que des souvenirs douloureux. Les désaccords et les frustrations du passé sont rapidement devenus des plaies ouvertes.

Avec ces cœurs saignants, nous avons néanmoins pu rejoindre une nouvelle communauté, par la grâce de Dieu. Nos blessures n'avaient jamais été associées à Dieu ; c'est pour cela qu'il nous a été possible de rejoindre une nouvelle Église.

Vous vous doutez cependant que l'intégration n'a pas été facile. Lorsqu'une plaie est couverte et ignorée pendant longtemps, on peut se donner l'illusion d'être guéri, jusqu'à ce que quelque chose vienne la toucher. Par obéissance à Dieu et à son appel, nous avons commencé à servir dans cette Église. Comme elle était encore à l'étape de son implantation, nous étions peu nombreux. L'excitation de nouvelles connexions et d'une nouvelle culture voilait temporairement nos cœurs meurtris. Mais avec la croissance de cette communauté et la mise en place de structures plus solides, nos blessures se sont rapidement exposées.

C'est à ce moment-là que Dieu m'a montré l'impact que ces blessures avaient eu sur ma vie, particulièrement sur ma perception de l'Église et sur mon appel. Les blessures ont déterminé le niveau de mon dévouement au service de Dieu, car celui-ci impliquait la vulnérabilité et la soumission aux leaders du moment. Mon appel n'avait plus de base solide, car y répondre me ramenait sur un chemin semblable à celui du passé, ce que je ne pouvais plus me permettre. La perception d'une Église-famille était erronée. J'ai alors réalisé le danger que je courais si je n'arrivais pas à guérir. Un cœur blessé se remplit d'amertume petit à petit, et cette amertume devient un poison qui finit par nous consumer.

Mon histoire est liée à l'Église, mais peut-être que la tienne est liée à la famille, aux amitiés, aux relations amoureuses ou à d'autres relations importantes. Peu importe la relation brisée, un cœur blessé et non guéri peut devenir un frein à l'avancement vers notre destinée.

J'ai vu des personnes perdre leur relation avec Jésus à cause des blessures ; je les ai vues renier le salut et l'œuvre du Christ.

J'ai vu des foyers détruits, des membres d'une même famille se déchirer à cause de blessures non guéries.

J'ai vu des personnes perdre leur appel et dévier vers une vie de peine et de fatigue à cause de la perte du sens de la vie.

J'ai vu des serviteurs de Dieu mener une vie de débauche, et d'autres vivre dans l'errance, parce qu'ils n'avaient pas guéri de leur passé.
J'ai vu des parents briser leur foyer et détruire la vie de leurs enfants, parce qu'ils n'avaient jamais traité les traumatismes du passé.

J'ai vite compris que le problème était majeur. Il est bien plus que spirituel. J'ai observé des phénomènes destructeurs, aussi bien dans l'Église que dans la famille. J'ai compris qu'il existait une stratégie du diable qui s'étend sur des générations. La Bible dit :
« L'homme bon tire le bien du bon trésor de son cœur, et l'homme mauvais tire le mal de son mauvais trésor » (Luc 6:45 BDS).

C'est pourquoi nous devons permettre à Dieu de faire sortir de nos cœurs tout ce qui vient du mal : ce qui a été transmis, acquis ou légué. Nous devons changer notre perspective sur les blessures et, en particulier, sur l'offense. Les paroles blessantes d'un pasteur ou d'un parent ne visent pas seulement toi, mais aussi tes enfants et les générations à venir. Les attitudes manipulatrices et insultantes d'un pasteur ou d'un conjoint ne touchent pas uniquement ta vie, mais aussi toutes les personnes que ta vie est appelée à impacter pour le Royaume de Dieu.

Guérir n'est donc plus une alternative, mais le seul moyen de sécuriser les générations après nous. Les versets précédant le dernier verset de Luc, chapitre 6, déclarent : *« Un bon arbre ne peut pas porter de mauvais fruits, ni un mauvais arbre de bons fruits. En effet, chaque arbre se reconnaît à ses fruits. On ne cueille pas de figues sur des chardons, et on ne récolte pas non plus du raisin sur des ronces » (Luc 6:43-44 BDS).* Avant que Jésus ne parle de reconnaître un arbre à ses fruits, Il parlait d'aimer nos ennemis et de bénir ceux qui nous haïssent (verset 27), mais aussi de ne pas juger et de pardonner (verset 37). La partie qui m'intrigue particulièrement est celle où Il dit, au verset 39 : *« Un aveugle peut-il guider un autre aveugle ? Ne vont-ils pas tous les deux tomber dans le fossé ? »* Et au verset 41 : *« Pourquoi vois-tu la paille dans l'œil de ton frère, alors que tu ne remarques pas la poutre qui est dans le tien ? »*

Le fait d'avoir un arbre mauvais qui produit de mauvais fruits, et celui de tirer le mal de son mauvais trésor, est directement lié au refus d'aimer les autres, à la haine envers nos ennemis, au jugement et à la condamnation sans pardon.

Le pardon est la clé de la guérison, Il permet de placer le bien comme un bon trésor dans le cœur.

C'est pourquoi, ce livre traite de ce sujet en insistant sur le pardon comme fondement. La guérison vient de Dieu ; sans Lui, nous ne pouvons pas nous libérer des chaînes que la douleur engendre. Lui-même a dit que sans Lui, nous ne pouvons rien faire (Jean 15:5). Mon invitation dans ce livre n'est donc pas un appel à l'effort personnel, mais à la soumission à la grâce de Dieu. Mon invitation est de s'approcher de Celui qui souffre avec nous, qui apporte une aide parfaite et un remède au cœur brisé.

« En effet, nous n'avons pas un grand-prêtre incapable de compatir à nos faiblesses ; au contraire, Il a été tenté en tout point comme nous, mais sans commettre de péché. Approchons-nous donc du trône de la grâce avec assurance, afin d'obtenir

compassion et de trouver grâce pour être secourus au moment opportun » (Hébreux 4:15-16 BDS).

Ceci est ton moment pour être secouru.

Ce livre s'adresse à toute personne blessée par ceux qui étaient censés la protéger ; à celui ou celle qui a été abusé émotionnellement ou physiquement ; à toute personne vivant avec un traumatisme lié à des relations brisées. Il s'adresse à ceux qui aiment Dieu mais qui luttent intérieurement, et à toute personne en quête de guérison.

L'objectif de ce livre n'est pas d'accuser ni de rouvrir les plaies, mais de guérir. Il vise à t'aider, cher lecteur, à identifier tes blessures douloureuses et à les traiter en les exposant à Dieu.

PARTIE I

O1 | L'OFFENSE ET SES EFFETS

« Il est inévitable qu'il y ait pour les hommes des occasions de chute, mais malheur à celui qui crée de telles occasions. »

Luc 17:1 BDS

La Bible nous enseigne que, dans ce monde, il y aura toujours des occasions de trébucher. Lorsqu'on trébuche, l'impact peut se limiter à une légère égratignure ou une petite entorse, mais il peut parfois s'agir d'une blessure qui nécessite des soins particuliers.

De la même manière, dans nos relations, nous faisons parfois face à des affrontements qui se résolvent par de simples frustrations gérables, mais qui peuvent aussi provoquer des blessures profondes affectant notre avenir.

Comme une blessure physique, une blessure émotionnelle exige des soins précis ; sans cela, elle peut s'infecter. Ce qui n'est pas guéri finit par se transmettre. D'où la nécessité de réexaminer les dangers de l'offense.

Les dangers de l'offense

1. **L'offense vous empêche de recevoir ce que Dieu vous promet par l'intermédiaire des autres.**

L'offense est une arme cachée de Satan qui nous emprisonne et nous empêche d'être édifiés par les dons des autres. La Parole décrit l'Église comme un corps composé de nombreuses parties interdépendantes. Lorsque je suis offensée, la partie du corps que je représente est blessée. Si elle décide de se détacher du corps, non seulement elle s'atrophiera, mais elle fragilisera l'ensemble.

Nous n'avons pas été créés pour être solitaires.

La solitude refroidit nos cœurs et nous empêche de recevoir l'amour, l'attention et l'aide des autres. Nous commençons à percevoir tout le monde à travers des lunettes souillées par l'amertume. Les dons que Dieu a confiés aux autres pour édifier l'Église ne nous profitent plus lorsque nous nous détachons. Cela conduit à une vie de foi sans impact, voire à l'abandon total de la foi dans certains cas.

Dans ma marche avec Jésus, j'ai vu des frères et sœurs passer d'une vie de serviteurs passionnés à une vie charnelle, justifiant leurs péchés au nom de l'offense. J'ai vu d'autres passer du statut d'ambassadeurs de Christ à celui d'athées doutant de l'existence de Jésus. J'ai vu l'offense arracher beaucoup de personnes à l'Église et en faire des proies faciles pour l'ennemi.

2. L'offense vous rend prisonnier

L'offense nous pousse à ériger un mur sans porte. Nous devenons prisonniers. Un prisonnier ne peut pas faire ce qu'il veut quand il le veut. Vous n'arrivez plus à pardonner, même si vous le souhaitez. Vous n'arrivez plus à servir les autres comme auparavant. Vous devenez captif de l'amertume. L'offense nous force à modifier notre comportement, à adopter de nouvelles habitudes qui peuvent nous faire perdre notre identité.

3. L'offense donne accès au diable

Jésus a dit : *« Il n'y a rien du diable en moi. » Jean 14:30 (LSG)* S'accrocher à une offense, c'est laisser quelque chose du diable en nous, et il l'utilisera chaque fois qu'il le pourra. La Bible dit : *« Ne donnez pas accès au diable. » Éphésiens 4 :27 (LSG).* Le diable est un voleur, un destructeur et un accusateur. Il cherche un accès légal pour agir contre nous. L'offense lui fournit cette ouverture.

Elle crée en nous : l'anxiété, la peur de l'abandon, le désir de vengeance, la comparaison, le jugement, l'amertume, la méfiance, la haine... Tout cela attriste et éteint le Saint-Esprit. On pense souvent que l'offense n'est qu'un sentiment bénin, mais ce qu'elle produit peut nous éloigner de Dieu.

La Bible dit :*« Quiconque hait son frère est un meurtrier. » 1 Jean 3 :15 (LSG).* Si l'offense conduit à la haine, elle ouvre la porte à tout ce que le diable désire semer pour nous détruire.

4. L'offense est un signe des derniers temps

2 Timothée 3 :1-4 décrit la haine, la trahison, l'ingratitude et l'absence de respect comme des signes des derniers jours. Comprendre cela nous aide à protéger notre cœur. Ces comportements deviendront courants, et les hommes se blesseront mutuellement.

5. L'offense donne accès à l'esprit d'orphelin

« Je ne vous laisserai pas orphelins. » Jean 14 :18 (BDS). Dans mon parcours, j'ai été contrainte de passer d'une Église à une autre, ce qui a laissé en moi des blessures profondes. Dieu m'a montré que, même si je n'avais pas quitté l'Église physiquement, l'offense m'avait rendue orpheline spirituellement. Jésus parlait ici d'un orphelin spirituel. Qu'est-ce que l'esprit d'orphelin ?

Un état émotionnel marqué par :

- l'abandon
- le rejet
- la solitude
- le manque d'appartenance

Comment se manifeste-t-il ?

L'histoire du fils prodigue illustre parfaitement ce point, surtout la réaction du fils aîné (Luc 15:28-30). Le fils aîné refuse d'entrer. Il dit à son père : « Ton fils... celui-là... »
C'est l'expression parfaite de l'offense : dissociation, rejet, amertume, comparaison. L'isolement n'est pas la solitude. La solitude peut être saine. L'isolement, lui, est toxique. L'esprit d'orphelin mène aussi à la rébellion : incapacité à se soumettre, méfiance envers toute forme d'autorité, perception déformée de la discipline. Dans la culture burundaise, une personne indisciplinée est considérée comme quelqu'un qui n'a pas de bonnes manières et sans origine *(ntiyarezwe ou ntagira iyo ava).*

L'esprit d'orphelin nous empêche également de voir Dieu comme Père. Avoir un père biologique aimant m'a donné de la confiance, mais ce n'est qu'après ma guérison que j'ai pu appeler Dieu « Papa » avec conviction. Un cœur blessé par l'absence parentale est guéri par la présence d'un parent aimant — pas par cet esprit déjà décrit.

6. L'offense déforme notre perspective (

Jésus, en pleine agonie, dit : *« Père, pardonne-leur, car ils ne savent pas ce qu'ils font. » Luc 23 :32-35 (LSG).* Humainement, ils savaient ce qu'ils faisaient. Mais Jésus avait une perspective différente. Ce que la douleur provoque en nous : Elle personnalise l'offense. « Ce qu'ils ont fait est mal contre moi. » Elle déforme les intentions. Nous supposons le pire des autres. Elle amplifie notre douleur et réduit les autres. Nous devenons la victime, eux les bourreaux.

Nous voyons le moment. Jésus voit l'histoire entière. Les réseaux sociaux nous montrent seulement des « moments ». De la même manière, notre douleur filtre la réalité, mais Dieu voit tout : notre passé, nos blessures et notre victoire future.

Cela n'excuse pas la trahison. Cela nous apprend à gérer les relations avec sagesse. Le véritable obstacle n'est pas l'effort de pardonner, mais la perspective. Nous avons besoin que Jésus nous aide à voir comme Lui. Un cœur guéri sans yeux guéris, c'est comme de l'eau pure dans un verre sale.

Des yeux guéris :

– ne nient pas l'offense,

– ne minimisent pas les dommages,

– ne forcent pas une réconciliation immédiate.

L'exemple de Jésus

Il nous a aimés avant notre naissance. Il est mort alors que nous étions encore pécheurs. *« Mais voici comment Dieu nous montre son amour : alors que nous étions encore des pécheurs, Christ est mort pour nous. » Romains 5:8 (BDS)*

02 | LE PARDON

Lorsque nous sommes offensés, le sentiment d'injustice nous pousse naturellement à nous défendre, à réagir, ou parfois à ruminer la situation en y puisant une force négative. La blessure s'aggrave surtout lorsque l'on nous conseille de ne pas agir selon nos émotions, ou lorsque notre position de victime n'est pas reconnue. Nous cherchons à être compris, à être validés dans notre douleur — et cela est humain. Une mauvaise gestion de l'offense consiste à vouloir donner du sens à l'acte de l'offenseur, ou pire, à ignorer la blessure comme si elle n'existait pas.

Les trois réactions les plus courantes face à l'offense sont :

- La rétribution : faire payer l'autre d'un mal équivaut, vouloir qu'il ressente ce que nous avons ressenti.
- La discipline : lui faire remarquer sa faute en lui infligeant une petite souffrance pour "corriger" son comportement.
- La distance : se couper totalement de la personne, parfois en se réjouissant de ses échecs. Je ne parle pas ici de la distance saine, nécessaire face à un agresseur ou à une personne toxique, mais de la rupture motivée par l'amertume et le rejet.

Chacune de ces réactions, même si elles semblent justifiées, reste une forme de vengeance que Dieu n'approuve pas. La volonté du Seigneur est toujours le pardon et, lorsque c'est possible, la réconciliation.

Pourquoi pardonner ? Si je suis la victime et que ma douleur est réelle, pourquoi devrais-je pardonner ? Le pardon est un processus par lequel nous reconnaissons l'impact de l'offense, tout en permettant à notre âme blessée de recevoir des soins.

Voici quelques raisons essentielles pour lesquelles la Bible nous appelle au pardon.

1. **Le pardon est une manière de s'offrir à Dieu**

« Celui qui est préoccupé de sauver sa vie la perdra ; mais celui qui perdra sa vie à cause de moi et de l'Évangile, la sauvera... » Marc 8 :35-36 (BDS) Lorsque la Bible parle de nous offrir à Dieu comme des sacrifices vivants, nous pensons souvent à éviter le péché ou à accomplir ce qui Lui plaît. Mais parfois, s'offrir à Dieu consiste à abandonner ce que nous pensons être notre droit, afin de faire Sa volonté. Quand nous sommes offensés, nous voulons agir — mais Dieu nous invite à Le laisser être le défenseur de nos droits. Parce que nous Lui appartenons comme un peuple mis à part, Il a autorité sur nos vies.

La confiance qu'Il attend de nous inclut celle de croire en Son rôle de Père juste et de Juge parfait. Nous aimons trouver refuge dans notre position de victime ; pourtant, rappelons-nous que lorsque Jésus est mort, Il était la victime, et nous les offenseurs. Nous n'avions pas demandé Son pardon — mais Il nous l'a offert quand même.

2. Nous pardonnons parce que nous avons été pardonnés

« Seigneur, si mon frère pèche contre moi, combien de fois dois-je lui pardonner ? Jusqu'à sept fois ? Non... mais jusqu'à soixante-dix fois sept fois. » Matthieu 18:21-22 (BDS) Même Pierre voulait savoir jusqu'où allait la limite du pardon. Pour lui — comme pour nous — le pardon devait être mérité.

Un jour, j'ai été offensée par quelque chose que mon mari avait encore fait. C'était la nième fois, et cela m'a profondément blessée. Alors que je réfléchissais, le Saint-Esprit m'a dit : « Pardonne. » Je Lui ai répondu intérieurement : « Encore une fois ? » Et c'est alors que les paroles de Jésus ont résonné dans mon cœur. Nous pensons comprendre le pardon lorsqu'il concerne des fautes rares. Mais lorsque la même personne répète la même faute, un sentiment d'injustice monte en nous — et nous voulons conserver le droit d'être offensés. Pourtant, ce droit nous enferme et nous détruit.

3. Le pardon conditionne le pardon que nous recevons

« Si vous pardonnez aux autres, votre Père vous pardonnera aussi ; mais si vous ne pardonnez pas, Il ne vous pardonnera pas non plus. » Matthieu 6 :14-15 (BDS). Dieu a établi le pardon comme une condition spirituelle. Aucun de nous ne pourrait survivre sans la grâce de Dieu, car nous ne sommes pas parfaits et nous ne le serons jamais.

4. Le pardon ouvre la porte à l'exaucement

« Quand vous priez, si vous avez quelque chose contre quelqu'un, pardonnez-lui... » Marc 11 :22-25 (BDS). Jésus relie ici la foi, le pardon et l'exaucement. Le pardon ne libère pas seulement celui qui nous a offensés — il libère nos prières.

Jésus a connu l'offense plus profondément que nous : Il a été trahi, renié, accusé injustement, torturé et tué — et pourtant, Il a pardonné.

5. Le pardon est un commandement

Nous devons pardonner, non seulement pour voir nos prières exaucées, mais simplement parce que Dieu l'ordonne. Son commandement donne la vie à ceux qui obéissent. *« Ne vous vengez pas vous-mêmes... c'est à moi de faire justice. » Romains 12:19 (BDS), « Dieu récompense ceux qui se tournent vers Lui. » Hébreux 11:6 (BDS).* Lorsque nous choisissons le pardon, nous faisons confiance à Dieu comme Juge rémunérateur et défenseur fidèle.

6. Le pardon nous permet d'être une bénédiction et d'arrêter les cycles de haine

L'histoire de Joseph (Genèse 37) en est un puissant exemple. Vendu par ses frères, accusé à tort, jeté en prison... Et pourtant, lorsqu'il devient ministre, il choisit le pardon plutôt que la vengeance. Ce choix a sauvé sa famille, brisé un cycle de haine et a ouvert une nouvelle histoire pour les générations futures. Le pardon n'est jamais seulement personnel — il est générationnel.

Ce que le pardon n'est pas.

Puisque le diable sait se déguiser en ange de lumière, il faut clarifier ce que le pardon n'est pas.

- Pardonner n'est pas oublier.
- Pardonner n'est pas continuer à subir l'abus.
- Pardonner n'est pas rester sous l'influence de l'offenseur.

Pour certaines personnes, mettre de la distance est nécessaire pour guérir. Dans les situations d'abus, de harcèlement, de manipulation ou de violence, la victime doit être protégée, entourée et accompagnée.

Le pardon guérit, mais parfois, nous avons besoin d'un thérapeute pour comprendre les impacts émotionnels et d'un médecin pour les conséquences physiques et toujours du Saint-Esprit pour restaurer notre cœur. La Parole promet cette guérison :*« ...c'est par Ses meurtrissures que nous sommes guéris. » Ésaïe 53:4-5 (LSG), Il guérit ceux qui ont le cœur brisé, et il panse leurs blessures Psaumes 147 ;3 LSG*

Guide vers le pardon

Qui m'a offensé ?

....

....

Quel impact cela a-t-il eu sur ma vie ?

....

....

Vers quelle réaction mon cœur penche-t-il (rétribution, discipline, distance) ?

....

....

Pourquoi devrais-je pardonner selon la Parole de Dieu ?

....

....

Ai-je un esprit d'orphelin ? Si oui, comment se manifeste-t-il ?

....

....

Prière

Seigneur, je reconnais que j'ai été offensé par ________________ lorsqu'il ou elle a ________________.

Je confesse que cette blessure a créé en moi de l'amertume et parfois de la haine. Aujourd'hui, je choisis de pardonner chacune de ces choses. Je renonce à toute forme de vengeance, à toute amertume et à toute haine.

Pardonne-lui, Seigneur, et pardonne-moi aussi. Remplis mon cœur de ton Saint-Esprit et restaure-moi par ta paix.

Au nom puissant de Jésus-Christ.

Amen

03 | LA SOUMISSION A DIEU

L'un des processus essentiels par lesquels j'ai dû passer pour vivre une véritable guérison a été la soumission à Dieu. Disciple de Christ depuis plus de quinze ans, je pensais Lui avoir déjà remis tous les aspects de ma vie... jusqu'à ce que cette épreuve révèle le contraire.

La soumission à Dieu ne se limite pas à Lui confier le contrôle de notre vie ; elle implique aussi d'accepter Sa volonté, même lorsqu'elle nous conduit dans la souffrance, et de reconnaître Sa souveraineté en toutes choses. Mon plus grand défi fut de comprendre comment Dieu pouvait me demander de pardonner. Dans ma perspective, pardonner revenait à abandonner les charges contre ceux qui m'avaient blessée.

Pourtant, suivre Jésus comme Seigneur signifie mettre Sa Parole en pratique, même lorsqu'elle nous semble injuste ou inconfortable. Accepter Sa volonté, c'est aussi prier pour ceux qui nous ont fait du mal et aimer ceux que nous percevons comme des ennemis. Ce qui me semblait le plus difficile n'était pas seulement de prier ou d'aimer, mais d'ouvrir à nouveau ma vie à ceux qui représentaient le même type d'autorité spirituelle que celle qui m'avait blessée.

Pardonner était une chose ; mais me soumettre à une nouvelle autorité spirituelle me paraissait presque impossible — et profondément injuste. Pourtant, sachant que Dieu est souverain, j'étais appelée à Lui obéir et à me soumettre à Ses commandements. Notre amour pour Dieu se manifeste dans notre obéissance.

La soumission à Dieu m'a également forcée à reconnaître et accepter l'appel qu'Il avait placé sur ma vie. La Bible dit qu'un disciple accompli ressemble à son Maître. Dans ma marche avec Lui, j'étais invitée à entrer pleinement dans Sa

Grande Commission : faire de toutes les nations des disciples. Or, ce processus repose entièrement sur l'enseignement de l'obéissance à Ses commandements et sur la dynamique maître–disciple. En tant que disciple, j'aurais des parents spirituels pour me former ; et à mon tour, j'aurais des enfants spirituels à accompagner. Cette dynamique implique nécessairement une dimension familiale, donc de la vulnérabilité. Et pour moi, cette vulnérabilité représentait un risque inacceptable.

Je connaissais la beauté et la puissance de cette structure, mais aussi le danger d'être blessée. Pourtant, une fois encore, j'ai dû admettre que la volonté de Dieu est meilleure que mon jugement. Ses préceptes sont justes. Les accepter a ravivé en moi mon appel pastoral, que j'avais enterré. Je refusais d'être appelée à un rôle similaire à celui de ceux qui m'avaient offensée.

Mais j'ai compris que résister à l'appel de Dieu servait les desseins de l'ennemi — et privait de nombreuses vies du ministère que Dieu voulait accomplir à travers moi. Ce fut un processus douloureux. J'avais passé dix ans dans cette Église-famille : j'y avais donné ma vie à Christ, j'y avais grandi, j'y avais trouvé des frères et des sœurs. J'y avais découvert l'appel de Dieu sur ma vie. Pendant toutes ces années, j'avais été sous la supervision de parents spirituels qui guidaient notre marche avec Jésus. Comme dans toute famille, la voix de l'autorité — spirituelle, cette fois — s'était naturellement imposée dans ma vie.

Dix ans plus tard, lorsque quitter cette famille devint une nécessité, je me suis juré de ne plus jamais laisser quiconque pénétrer à ce point dans mon cœur. Quelques mois après avoir rejoint ma nouvelle famille spirituelle, j'ai réalisé l'ampleur de ma douleur. Normalement, un parent représente l'autorité, la discipline, la protection, l'acceptation et la sécurité. Mais lorsque l'on vit l'inverse — du rejet au lieu de l'acceptation, de l'humiliation au lieu de la discipline, et de l'abandon au lieu de la couverture — il devient presque impossible d'envisager réellement le pardon ou la confiance.

Je me disais que puisque je n'avais « plus rien contre eux », je les avais pardonnés. Après tout, je ne leur souhaitais aucun mal. J'étais convaincue d'être en paix. Lorsque j'ai dû accepter de nouveaux parents spirituels, j'ai découvert que je n'y arrivais pas. Et si l'on abusait encore de ma confiance ? Et s'ils me rejetaient ? Et si tout recommençait ? La seule approche « sécurisée » me semblait être celle de garder les leaders à distance : les respecter, oui ; mais ne jamais les laisser se rapprocher car la proximité représente la vulnérabilité — et la vulnérabilité, dans mon esprit, menait à l'abus.

Avec le temps, et après avoir pardonné par la grâce de Dieu, Il m'a conduite à une soumission entière à Lui. Cette soumission signifiait reconnaître que la hiérarchie spirituelle vient de Lui et qu'Il l'a instituée pour le bien de Sa famille. Elle signifiait aussi faire confiance à un Dieu qui m'aime assez pour ne pas permettre que mon âme soit détruite par de mauvais parents spirituels. Elle impliquait enfin de me rendre disponible pour devenir, à mon tour, un parent spirituel — mais cette fois, en m'appuyant sur Sa grâce plutôt que sur ma propre performance.

Guide pratique

Quelle volonté de Dieu devrais-je accepter dans ma vie ?

....

....

....

....

....

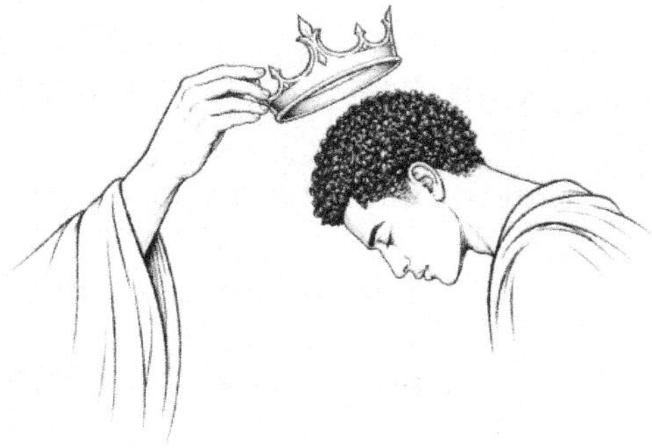

04 | LE PRINCIPE DE L'HONNEUR

Le Royaume de Dieu fonctionne selon des principes spirituels qui sont de véritables clés. Ces clés ouvrent les portes de la guérison, de la restauration et de nombreuses bénédictions. Parmi ces principes, nous trouvons le pardon, la générosité, la soumission, et également l'honneur — l'honneur dû à nos maris, à nos parents, à nos autorités civiles et spirituelles.

La Bible déclare que nous sommes bénis de toutes sortes de bénédictions (Éphésiens 1 :3). Ces bénédictions se manifestent lorsque nous marchons selon les principes divins.

Ayant déjà exploré le pardon et la soumission, j'aimerais approfondir maintenant le principe de l'honneur.

La Bible présente différentes figures d'autorité auxquelles l'honneur est dû : le mari, les parents (ou figures parentales), les autorités civiles, et les autorités spirituelles. Comme le dit le Pasteur et auteur Craig Groeschel, le respect se mérite, mais l'honneur est dû.

Le respect touche à la relation que je construis avec l'autorité ; l'honneur concerne l'attitude que Dieu me commande d'avoir. L'honneur que je dois à toute forme d'autorité ne dépend donc pas du comportement de la personne. L'honneur que je rends à mon mari, à mes parents ou à mes pasteurs n'est pas lié à leur performance, ni à la façon dont ils m'apprécient. Mon honneur envers eux découle de mon obéissance et de ma soumission à Dieu.

Dans mon processus de guérison, Dieu m'a confrontée à l'honneur que je devais à ceux-là mêmes qui m'avaient blessée. J'avais l'impression d'avoir atteint le sommet du processus en pardonnant ; pourtant, j'ai compris que si le pardon guérit la blessure, l'honneur prend soin des cicatrices. L'honneur est une disposition du cœur qui brise l'influence du diable dans nos vies.

J'ai dû apprendre ce principe, car quelques années plus tard, j'allais me retrouver dans la même position que ceux qui m'avaient blessée. L'honneur est devenu un outil que Dieu a utilisé pour crucifier l'orgueil dans mon propre cœur. L'honneur que je dois à un leader placé devant moi ne devrait jamais être déterminé par la « valeur » que j'accorde à cette personne. Car agir ainsi ferait de moi un juge, rôle que Dieu ne m'a jamais confié.

L'honneur n'est pas seulement du respect : c'est l'alignement de mon cœur à la volonté de Dieu. Et Sa volonté pour ma vie est non seulement de pardonner, mais aussi de bénir chaque leader placé devant moi.

L'honneur commence dans mon foyer. Je dois apprendre à apprécier et à affirmer le leadership de mon mari en tant que chef de famille. Je dois le soutenir, prier pour lui, et lui accorder la même grâce que Dieu m'accorde. Ensuite, je dois apprendre à honorer mes parents biologiques, en paroles et en actes. Ces étapes ont transformé mon cœur : elles m'ont donné la capacité d'aimer et d'apprécier même ceux qui m'avaient blessée.

L'honneur n'implique pas d'être ami avec la personne honorée, ni de rester sous son influence si elle est toxique. L'honneur consiste à protéger son propre cœur de l'amertume et de la haine, à préserver sa bouche des murmures et des médisances, et à empêcher ses mains de devenir des instruments de vengeance. C'est un principe qui protège notre cœur — encore plus lorsque nous-mêmes devenons des leaders.

Dans la Bible, David a servi sous un leader profondément injuste : le roi Saül. Celui qui l'avait accueilli avec joie dans sa maison devint celui qui tenta de le tuer. David a connu l'exil, le rejet, la solitude... mais jamais il n'a maudit son leader, ni même murmuré contre lui. Il a gardé son cœur pur malgré la trahison. Cette attitude l'a protégé plus tard, lorsque son propre fils, Absalom, s'est rebellé contre lui. Il a dû fuir encore une fois, mais je crois que l'endurance et la maturité qu'il avait développées sous Saül l'ont aidé à garder son cœur disposé envers son fils.

L'honneur nous prépare pour l'adversité dans notre propre leadership. Il nous forme à l'humilité et à une dépendance totale à Dieu. L'honneur ouvre des portes pour notre croissance spirituelle. Nous voyons également, dans l'histoire de Marie, Marthe et Lazare, la récompense d'un cœur honorant. Marie s'est assise aux pieds de Jésus pour l'écouter (Luc 10:38-42). Le jour où elles ont eu besoin d'un miracle, elles ont vu Jésus accomplir l'un des événements les plus rares de son ministère : la résurrection d'un mort. À l'opposé, nous voyons Judas, hypocrite, suspicieux et voleur, qui marchait pourtant avec Jésus. Son attitude — marquée par la trahison et le mépris — l'a conduit à la perdition.

L'attitude que nous cultivons envers l'autorité agit en notre faveur... ou contre nous. Souvent, nous nous comportons comme Judas auprès de ceux que Dieu a placés pour nous former. Peut-être nous ne sommes pas voleurs comme lui, mais nous murmurons, critiquons, semons la discorde ou nourrissons l'amertume. Ces attitudes ferment les portes des bénédictions que Dieu veut verser dans nos vies.

Et si, au lieu de murmurer, nous apprenions à bénir ? Et si, même sous un « Saül », nous choisissions l'honneur, et non le mépris, le jugement ou la suspicion ? Judas et Pierre ont tous deux trahi Jésus. Tous deux avaient la possibilité de se repentir. Mais le cœur de Judas était depuis longtemps en rébellion, et cette disposition l'a conduit à la mort.

L'honneur bénit toujours celui qui le donne. Il révèle le caractère de Dieu en nous encore plus que dans la personne qui le reçoit.

Guide pratique

Quel leader Dieu va-t-il placé dans ma vie que je dois honorer ?

....

....

....

Quels sont mes défis en lien avec le principe de l'honneur ?

....

....

....

Où n'ai-je pas honoré mes leaders ? En paroles (médisances, murmures, mensonges) ou en actes (vengeance, distance volontaire, rébellion) ?

....

....

....

05 | LES OBSTACLES A LA GUERISON

« Jésus le vit couché, et sachant qu'il était malade depuis longtemps, il lui demanda : Veux-tu être guéri ? » Jean 5:6 (BDS)

La guérison d'une blessure est un processus qui dépend d'un ensemble de facteurs ; dont la volonté de la personne blessée. Il peut sembler surprenant que Jésus demande à un malade s'il veut vraiment guérir alors qu'il connaît parfaitement son état. Mais avec l'expérience, j'ai compris que la durée de notre souffrance peut parfois créer un confort trompeur, une forme de dépendance à la pitié des autres. Cet état génère des habitudes et des mécanismes de défense qui finissent par toucher notre identité.

Guérir implique alors de renoncer à ces mécanismes et à cette identité blessée — ce qui peut être douloureux. Nous voulons souvent garder le contrôle sur ce qui nous arrive et sur la personne que nous devenons. La peur d'être manipulé, abusé, ou à nouveau blessé, devient alors un obstacle majeur à la guérison.

Guérir exige également de revisiter des émotions désagréables, de se rappeler des souvenirs douloureux. Cela explique pourquoi nous résistons souvent à ce processus.

Les blessures peuvent aussi provoquer le déni ou la minimisation de notre état. On se dit : « Ce n'est pas si grave, je peux gérer. » Ou encore : « D'autres vivent pire. ». Le déni empêche de reconnaître la douleur causée par l'offense, ou de reconnaître la responsabilité de l'offenseur. Parfois, il vient du fait qu'on justifie l'oppresseur ou qu'on cherche à lui trouver des excuses.

Une mauvaise image de soi peut être la racine de ce déni. Le processus de guérison requiert également de la vulnérabilité. Mais celle-ci est trop souvent perçue comme une faiblesse. La peur de l'inconnu nous empêche de nous ouvrir, d'accepter l'aide, la correction ou les conseils des autres dans ces moments douloureux. Cette peur peut nous pousser vers l'isolement.

La honte et la culpabilité jouent aussi un rôle majeur : elles empêchent cette vulnérabilité, surtout dans des cultures où l'on minimise ou ridiculise les émotions.

La cause de l'offense et sa gravité peuvent également entraîner des traumatismes qui ralentissent ou empêchent la guérison. Lorsqu'elle est liée à la violence ou à un abus, la guérison nécessite l'aide d'un thérapeute. La douleur peut nous empêcher de commencer la guérison par nous-mêmes, ou elle peut susciter une peine si profonde qu'elle nécessite l'accompagnement d'une autre personne.

Mais la bonne nouvelle, c'est que Jésus lui-même a connu toutes ces formes de douleur, ce qui le rend apte à nous guérir. *« Il était méprisé et abandonné des hommes, homme de douleurs, habitué à la souffrance... Pourtant, ce sont nos souffrances qu'il a portées et nos douleurs dont il s'est chargé... » Ésaïe 53 :3-4 (BDS)*

Que notre souffrance soit légère ou écrasante, Jésus comprend exactement ce que cela signifie. Il est le Docteur par excellence : Il guérit non seulement les blessures, mais restaure aussi les cœurs. Il enlève la douleur, mais redonne aussi la joie. Il efface les traumatismes, mais redonne l'espérance. Son amour suffit pour reconstruire un parcours et une destinée que l'ennemi avait tenté de voler.

La honte

La honte est l'un des obstacles les plus puissants qui retardent la guérison émotionnelle. C'est un concept que j'ai appris auprès de mon Pasteur, sept ans après avoir rejoint ma nouvelle communauté spirituelle. J'ai voulu partager son enseignement car j'ai réalisé que j'étais longtemps restée dans un piège de l'ennemi, jusqu'à recevoir cette vérité.

Qu'est-ce que la honte et comment se manifeste-t-elle ?

La honte est une émotion profondément douloureuse qui surgit lorsque nous croyons avoir échoué à répondre à certaines attentes — les nôtres ou celles des autres. Elle nous fait sentir indignes ou inadéquats. La culpabilité dit : « J'ai mal agi. ». La honte dit : « Je suis une mauvaise personne. » Elle nous fait croire qu'il y a quelque chose de défectueux en nous. Elle affecte notre perception de nous-mêmes et saigne jusque dans nos relations. *(Enseignement inspiré du Pasteur Muriithi Wanjau à Mavuno Church Hillcity)*

Cinq façons dont la honte influence nos relations

1. La honte nous empêche de nous montrer tels que nous sommes

Elle agit comme un voile qui nous fait croire que si les autres voient nos vulnérabilités, ils nous rejetteront. Certaines personnes semblent timides ou maladroites, mais même les plus confiants peuvent porter ce masque.

La honte rend les conversations superficielles et empêche l'authenticité.

2. **La honte nourrit le perfectionnisme et le jugement**

Dans certains milieux familiaux, religieux ou culturels, l'erreur est condamnée plutôt que comprise.

Cela nourrit une culture de performance, de contrôle et d'anxiété.

3. **La honte nous isole**

Elle murmure que nous n'avons pas notre place, que personne ne nous comprendrait.

Alors nous nous retirons, parfois même sans nous en rendre compte.

4. **La honte attire des relations malsaines**

Ce que nous pensons mériter détermine les relations que nous acceptons. La honte nous pousse à tolérer l'injustice ou la maltraitance, ou à reproduire les mêmes schémas répétitifs.

5. La honte empêche la véritable intimité

L'intimité demande d'être connu et accepté. Mais la honte nous pousse à cacher ce que nous sommes vraiment. Elle appauvrit les amitiés, les relations amoureuses et les liens familiaux.

Quel est le remède à cette honte ? La grâce de Dieu.

La grâce nous donne accès à une faveur imméritée, elle nous offre une nouvelle chance. L'humiliation vient de l'ennemi ; la grâce vient de Dieu, qui pardonne et restaure. Dans mon propre processus de guérison, j'ai compris que Dieu ne voulait pas seulement que je pardonne, mais que je me garde d'humilier ceux qui m'avaient offensée.

Je devais éviter de murmurer contre eux, de ruminer leurs fautes, de les placer au centre de mes conversations. Le jugement nous place au-dessus des autres, alors que seul Jésus est notre standard.

La honte a retardé ma guérison. Quand je suis devenue pasteure, je me souviens qu'à chaque rencontre de pasteurs, je me sentais comme une imposture — non pas à cause de mon âge, mais parce que la souffrance du rejet m'avait rendue inadéquate à mes propres yeux.

Mais gloire à Dieu qui appelle justement des personnes inadéquates comme moi. *« Ce trésor, nous le portons dans des vases d'argile... » 2 Corinthiens 4 :7 (BDS).* La grâce consiste précisément à ce que toute bonne chose qui émane de nous soit attribuée non pas à notre capacité, mais à la bonté de Dieu.

Guide pratique

Lequel de ces obstacles à la guérison émotionnelle penses-tu devoir affronter ?

....

....

Comment la honte a-t-elle affecté la vision que tu as de toi-même ?

....

....

Comment la honte a-t-elle affecté tes relations avec les autres ?

....

....

Qu'est-ce qui changerait dans ta vie si tu acceptais la grâce de Dieu telle qu'elle est décrite dans sa Parole ?

....

....

Prière de salut

Le pardon est une capacité donnée par le Saint-Esprit, et celui-ci nous est accordé le jour du salut. Le Saint-Esprit nous équipe pour pardonner, nous soumettre, honorer, persévérer et aimer. Je t'invite, cher lecteur, à donner ta vie à Jésus. Non pas à une religion, mais à une relation.

Prions ensemble :

« Seigneur Jésus, merci pour ton amour et ta bonté envers moi. Je reconnais que tu es mon Créateur et que Toi seul peux guider ma vie vers l'éternité.

Aujourd'hui, je me donne à Toi. Pardonne mes péchés et mes offenses. Je Te reçois comme Seigneur et Sauveur de ma vie. Remplis-moi du Saint-Esprit et équipe-moi pour accomplir Ta volonté.

Au nom puissant de Jésus. Amen. »

PARTIE II

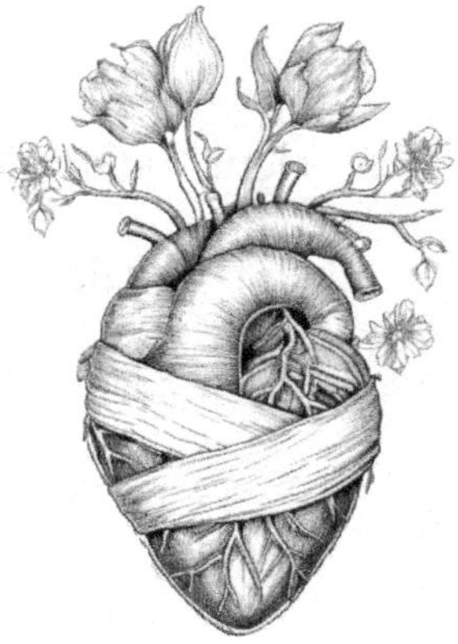

TÉMOIGNAGES DE GUÉRISON

Après avoir parcouru les chemins parfois douloureux de l'offense, exploré la puissance du pardon, appris la profondeur de la soumission à Dieu et découvert le principe de l'honneur, une vérité essentielle demeure : la guérison n'est pas une théorie... c'est une réalité vivante. Ce livre n'est pas seulement une invitation à comprendre, mais à expérimenter. Car Dieu ne se limite pas à enseigner la guérison — Il l'accomplit.

Les pages précédentes ont posé les fondements spirituels : elles ont exposé les mécanismes invisibles qui emprisonnent les cœurs, mais aussi les clés divines qui ouvrent la porte à la restauration. Cependant, ces vérités prennent toute leur puissance lorsqu'elles deviennent chair dans une vie, lorsqu'elles traversent des larmes, des luttes, des combats réels. C'est ici que les témoignages prennent tout leur sens.

Ces récits ne sont pas simplement des histoires. Ils sont des preuves. Des preuves que Dieu restaure ce qui semblait irréparable. Des preuves que le pardon est possible, même face à l'inacceptable. Des preuves que la soumission à Dieu n'écrase pas, mais relève. Chaque témoignage est une rencontre entre la douleur humaine et la grâce divine. Une rencontre où la faiblesse devient un autel... et où Dieu se révèle comme le Restaurateur des âmes brisées.

Tu y découvriras des parcours différents, des blessures uniques, des combats intérieurs souvent silencieux... mais un même fil conducteur : la main de Dieu à l'œuvre. Ces voix portent en elles une vérité profonde : ce que Dieu a fait pour l'un, Il peut le faire pour toi.

Alors que tu entres dans cette section, ne lis pas simplement avec tes yeux, mais avec ton cœur. Laisse ces témoignages réveiller en toi l'espérance. Laisse-les briser les mensonges qui te disent que ta situation est sans issue. Car si Dieu a transformé leur douleur en témoignage, Il peut aussi transformer ton histoire en victoire.

I

Mes parents s'aimaient, mais pour diverses raisons, que j'explorerai dans les chapitres à venir, ils ne se sont jamais mariés. Pendant de nombreuses années, nous n'étions donc que ma mère et moi. Dans notre culture, à l'époque, le mariage était considéré comme le but ultime dans la vie d'une fille. Dès son plus jeune âge, une jeune fille était élevée et préparée à devenir une épouse. Vous pouvez donc imaginer l'immense honte que ma mère a dû endurer en étant enceinte hors mariage.

Au moment de ma naissance, mon père était déjà parti vivre à l'étranger et, même si on lui avait promis le mariage et l'espoir que nous le rejoindrions là où il se trouvait, cela ne s'est jamais concrétisé. Au contraire, elle s'est retrouvée à élever seule un enfant dans une société qui portait des jugements sévères et apposait des étiquettes aux femmes comme elle.

Malgré tout, elle a persévéré face aux difficultés. Elle aurait pu choisir de ne pas mener sa grossesse à terme et de continuer à vivre sa meilleure vie puisqu'elle était encore jeune, mais elle m'a choisie. Elle a choisi de me donner la vie. Pour cela, je lui serai éternellement reconnaissante d'avoir été courageuse pour moi.

Comme vous l'avez lu ci-dessus, mes parents ont pris des chemins séparés et un changement radical s'est produit dans ma vie lorsque ma mère s'est mariée. J'avais cinq ans lorsqu'elle a épousé un homme que je n'avais jamais vu auparavant. Il était policier. Je ne connaissais pas son visage et je ne m'étais jamais présentée officiellement à lui. Je me souviens avoir assisté au mariage et, à partir de ce jour-là, nos vies ont changé : nous avons emménagé avec lui. C'était étrange pour moi d'avoir un homme à la maison.

Pour une raison quelconque, je n'ai jamais créé de lien émotionnel avec lui ; c'était comme si je savais qu'il n'était pas mon père biologique. En plus de cela, ma mère était très enceinte lorsqu'elle s'est mariée, ce qui signifiait que j'allais devenir grande sœur.

Tous ces changements soudains étaient difficiles à comprendre. J'étais habituée à toute l'attention de ma mère, mais désormais, je devais la partager avec son mari et mon petit frère à venir. Lorsque j'ai enfin réussi à m'adapter à ma nouvelle famille, à sa dynamique et à son rythme, y compris à mon rôle de grande sœur, un énorme secret a été révélé. Un soir, ma mère m'a appelée dans le salon pendant que tout le monde dormait et m'a confié un secret qui allait changer le cours de toute ma vie. Pour la première fois, elle m'a parlé de mon père biologique. J'avais neuf ans à ce moment-là, et mon père était venu au Burundi pour rendre visite après dix ans d'absence. Ma mère n'avait pas d'autre choix que de me parler de lui, car il voulait me rencontrer. J'étais submergée par les émotions et j'ai fondu en larmes après avoir entendu cette nouvelle. Jusqu'à aujourd'hui, je ne sais pas vraiment pourquoi j'ai pleuré. Peut-être parce que j'avais enfin un père, ou peut-être parce que c'était trop à encaisser à un si jeune âge et que je ne pouvais pas tout comprendre sur le moment.

Le lendemain, j'ai passé du temps avec lui. J'étais nerveuse parce que, même s'il était mon père, il restait un étranger pour moi. Je n'avais pas beaucoup d'attentes. À l'époque, j'étais une petite fille très calme, donc je ne parlais pas beaucoup. Après être venu me chercher, il m'a emmenée faire du shopping pour le mariage de son frère, puis il m'a présentée à mes cousins. Quand on est enfant, on suit simplement le mouvement et on s'adapte. J'ai joué avec eux ; je me suis vraiment amusée. Je l'ai revu après cette journée et, peu à peu, j'ai commencé à mieux le connaître, ainsi que les autres membres de la famille dont j'ignorais totalement l'existence. Et, en un instant, mon monde avait changé pour toujours.

L'année 2006 a été celle où ma vie a pris un tournant différent. Pour commencer, c'était l'année où j'ai été admise en sixième. J'avais hâte de réussir mon examen national afin de pouvoir enfin entrer au secondaire. Même si j'étais déterminée à réussir, l'examen était difficile, ce qui rendait cette année plus exigeante et stressante que les classes précédentes du primaire. Mais il n'y avait pas encore lieu de paniquer : j'étais en vacances pour deux mois. J'avais prévu de beaucoup jouer avec mes amis, de rendre visite à ma tante et peut-être de passer une semaine chez elle avec mes cousins. À onze ans, j'étais enthousiaste à l'idée d'avoir deux mois sans emploi du temps fixe. Tout ce que je voulais, c'était m'amuser. Malheureusement, mon excitation a été de courte durée lorsque ma mère est tombée malade.

Juste après la fin de l'année scolaire, ma mère est soudainement tombée malade. Son état s'est aggravé au point qu'elle a dû être hospitalisée. Je ne l'avais jamais vue dans un état aussi vulnérable. Elle souffrait énormément, mais personne ne pouvait nous dire ce qui se passait. Pourtant, je voyais sa douleur. Je me sentais impuissante ; tout ce que je pouvais faire, c'était être là pour elle. À ce moment-là, mes frères étaient encore très jeunes (celui qui me suivait avait six ans et le dernier avait un an).

Étant l'aînée et la seule fille, je n'avais pas d'autre choix que de grandir rapidement afin d'être pleinement présente à l'hôpital chaque fois qu'on avait besoin de moi.

Le 3 septembre de cette année-là, mes vacances ont pris fin. Le lendemain, je devais me présenter à l'école avec mon nouvel uniforme et dans ma nouvelle classe. Les choses étaient encore difficiles à la maison, car maman ne s'était pas complètement rétablie, mais nous devions quand même aller à l'école. Mes vacances étaient bien loin de ce que j'avais imaginé ; c'était difficile d'écouter les autres enfants parler de leurs vacances. J'avais même peur de dire que ma mère avait été hospitalisée pendant cette période et que j'avais dû m'occuper d'elle.

Au moins, j'étais reconnaissante que ma mère soit à la maison et que je puisse la voir en rentrant de l'école. C'était difficile de commencer l'année scolaire dans cet état d'esprit, mais je n'avais pas le choix ; j'étais dans une classe d'examen national, je devais me concentrer.

Avec la reprise des cours, mon frère et moi avons développé une routine pour rester proches de maman. Nous nous préparions pour l'école, passions par sa chambre pour lui dire au revoir avec un baiser et lui souhaiter une bonne journée, et nous faisions de même en rentrant en la saluant et en lui racontant les détails de notre journée.

Le mardi matin de la semaine suivante, je me suis réveillée en retard et j'ai tout fait dans la précipitation. Pour cette raison, je n'ai pas suivi ma routine habituelle avec maman. Au lieu de cela, je l'ai regardée de loin et je lui ai fait signe au revoir avant de partir à l'école. Je n'y ai pas prêté beaucoup d'attention, pensant que je la reverrais après l'école. Je ne savais pas que ce serait la dernière fois que je la verrais en vie.

Plus tard dans la journée, on est venus nous chercher à l'école plus tôt que prévu, et j'ai tout de suite compris que quelque chose n'allait pas. En arrivant à la maison, il y avait beaucoup de personnes en pleurs, et la chambre de ma mère était vide. Une tante s'est approchée de moi et m'a annoncé que ma mère était décédée.

Je ne savais pas comment réagir — je n'avais jamais perdu quelqu'un auparavant. Tout ce que je pouvais faire, c'était pleurer, mais en même temps, on m'a rapidement demandé d'arrêter de pleurer et d'être forte. Le lendemain de la période de deuil, qui avait duré deux semaines, une voiture m'attendait dehors pour emporter mes affaires : j'allais m'installer chez ma tante. C'était le dernier souhait de ma mère que je sois élevée par sa grande sœur. J'étais encore submergée par un tourbillon d'émotions, et me voilà sur le point de faire partie d'une nouvelle famille. Je me sentais seule et très effrayée par l'inconnu : et si mes cousins ne m'accueillaient pas ? Et si je ne trouvais pas ma place ? Et si j'échouais ? Qu'allait-il arriver à mes frères ? À quelle fréquence allais-je les voir ?

Mais ce soir-là, mes cousins m'ont accueillie avec beaucoup d'enthousiasme ; ils étaient sincèrement heureux de me voir. Immédiatement, ils m'ont montré ma chambre, et je me suis installée. Les habitudes de leur famille étaient très différentes de celles auxquelles j'étais habituée. Dans cette famille, on dînait tôt, et les enfants allaient se coucher à huit heures du soir. Néanmoins, grâce à la chaleur de leur accueil, il ne m'a pas fallu longtemps pour m'adapter. Ils m'ont témoigné tellement d'amour et d'attention. Ils ont apporté la joie dont j'avais désespérément besoin à ce moment-là.

Les mois qui ont suivi la mort de ma mère ont été difficiles. J'étais encore dans le déni de son départ, du fait que ma vie devait continuer sans elle. Bien que j'aie été entourée d'une famille aimante et attentionnée, je pensais que personne ne pouvait comprendre ma douleur. Et honnêtement, je ne peux pas en vouloir à ma famille, car notre culture ne laisse pas vraiment de place au deuil, ou plutôt ne sait pas comment le gérer. En réalité, le processus de deuil est presque inexistant : personne n'en parle et ceux qui perdent un être cher sont censés aller de l'avant comme si rien ne s'était passé — et c'est exactement ce que j'ai fait.

En grandissant, cela n'a fait qu'empirer. Je ne pouvais plus ressentir la douleur ni me connecter à des événements tristes – j'étais simplement insensible. La vérité douloureuse, c'est que je voulais ressentir mes émotions, mais je ne savais pas comment faire. Je me sentais bloquée, alors j'ai commencé à accepter cela comme faisant partie de qui j'étais. J'ai commencé à dire aux gens, ou plutôt à me convaincre moi-même, que je n'étais pas une personne émotive. Mes amis se moquaient de moi en disant que j'avais un cœur de pierre, et je riais en les traitant de faibles, sans réaliser que c'était moi qui avais de vrais problèmes.

Le seul moment où mes émotions refaisaient surface, c'était le jour anniversaire du décès de ma mère. C'était devenu le seul jour où je m'autorisais à ressentir le poids de ma perte la plus importante. Je me permettais d'être triste, mais seulement en secret. Je ne savais pas comment partager mes sentiments avec qui que ce soit — pas même avec mes meilleures amies ou mes cousines, que je considérais comme des sœurs. Elles n'ont jamais su ce que je traversais. J'étais toujours l'amie ou la sœur forte et joyeuse, celle vers qui les gens se tournaient lorsqu'ils avaient besoin de quelqu'un pour les écouter ou les réconforter. Mais je ne pouvais pas me permettre d'être celle qui a besoin des autres. Jusqu'à aujourd'hui, j'apprends encore à être suffisamment vulnérable pour demander de l'aide.

Pendant ce temps, la vie continuait. J'ai commencé le lycée et je me suis fait de bons amis. De l'extérieur, je paraissais être une enfant heureuse qui avait tout : une famille aimante et tout ce dont un enfant a besoin. Mais à l'intérieur, je saignais, et honnêtement, rien ne pouvait guérir la blessure ni la douleur que je portais, si ce n'est Dieu. J'ai essayé de faire face en me tournant vers différentes choses : l'alcool, les cigarettes et les relations amoureuses. Heureusement, je n'aimais ni l'alcool ni les cigarettes : je n'aimais pas leur goût, et en plus, elles étaient très épuisantes. Mon refuge est donc devenu les relations amoureuses.

J'ai commencé à sortir avec des garçons très jeune. Ces relations sont devenues mon refuge ; je ne pouvais pas passer des mois sans être impliquée avec un garçon. Pourtant, ces relations ne me réparaient pas. Je les recherchais pour obtenir du soutien émotionnel et de l'affection.

Si un jour je me réveillais sans en avoir envie, je mettais fin à la relation sans me soucier des sentiments de l'autre. Je n'en suis pas fière, mais je ne savais pas faire autrement : j'étais brisée sans même m'en rendre compte. J'étais émotionnellement blessée. Au milieu de tout cela, j'avais accepté Christ comme mon Seigneur et Sauveur, mais je ne l'avais pas encore invité à guérir mes blessures. J'étais simplement une personne religieuse qui suivait les règles, sans chercher une relation personnelle avec Lui. D'une certaine manière, cela m'a empêchée de m'autodétruire davantage, car je faisais partie d'une communauté. Mais en même temps, je vivais une double vie, cachant la véritable personne que j'étais par peur d'être jugée ou incomprise.

Malgré mes luttes intérieures, je m'assurais d'être présente pour mes amis et ma famille. J'étais, et je suis toujours, une amie loyale sur qui l'on peut compter. J'aimais l'idée d'aider, surtout en apportant un soutien émotionnel. Cela m'a conduite à étudier la psychologie et le counseling à l'université. Malheureusement, j'ai grandi avec un père physiquement et émotionnellement absent. Comme mentionné dans les chapitres précédents, mon père a quitté le pays quelques mois avant ma naissance. Pour être claire, il ne nous a pas abandonnés (il a dû partir du pays). Bien que mes parents ne soient pas mariés, il savait qu'un bébé était en route, alors il est parti avec l'espoir de construire un avenir meilleur pour nous, ce qui signifiait que nous devions le rejoindre plus tard. Cependant, cet espoir ne s'est jamais réalisé, car quelques années plus tard, mes parents ont pris des chemins séparés, chacun reconstruisant une famille avec quelqu'un d'autre. Entre-temps, je n'avais aucune idée de son existence. Ma mère n'a jamais parlé de lui jusqu'à son retour au pays dix ans plus tard.

Lorsque j'ai été présentée à mon père, il était revenu pour les vacances. Cela signifiait qu'à la fin de son séjour, il repartait là où il vivait. Malheureusement, à partir de ce moment-là, je n'ai plus eu de ses nouvelles pendant très longtemps. Tristement, ma mère est décédée deux ans après que je l'ai rencontré.

Au milieu de toutes les transitions que je traversais, le seul espoir auquel je m'accrochais était le fait que j'avais encore un père. Mais, malheureusement, il était introuvable. Je recevais rarement des appels de sa part, et c'était tout.

En grandissant, ma colère a augmenté. Il m'était difficile de croire — ou même d'accepter — que j'avais un père, car il n'était jamais vraiment présent. Pourtant, je n'ai pas perdu espoir.

J'avais besoin de lui. Je voulais construire une relation avec lui. J'essayais de comprendre pourquoi il était si absent. J'avais besoin de sa présence, de son soutien, surtout après avoir perdu ma mère. Mais tout ce que je faisais semblait tomber dans l'oreille d'un sourd. Il avait cette manière de disparaître exactement au moment où j'avais le plus besoin de lui, et cela me brisait le cœur.

Avec du recul, je ne sais toujours pas comment je n'ai pas abandonné, car il m'a donné tant de raisons de le faire. Pourtant, d'une manière ou d'une autre, j'ai continué à essayer de rester en contact. Je me souviens à quel point cela me faisait mal lorsque je lui envoyais des messages et qu'il ne répondait pas, même si je savais qu'il les avait vus. Ce silence me déchirait. Mais c'était mon père : j'avais soif de son affection, de son approbation, de son attention. Il était tout ce qu'il me restait.

À cause de son absence, la blessure paternelle était profonde. Si profonde que j'ai commencé à chercher ces émotions de sécurité aux mauvais endroits. C'est d'ailleurs l'une des nombreuses raisons pour lesquelles j'ai commencé à fréquenter des garçons très jeune. Et comme on ne m'avait pas appris à me valoriser, je donnais mon cœur à quiconque m'offrait de l'affection. Les standards n'avaient pas d'importance tant que quelqu'un me donnait une forme de validation. Avec une estime de moi au plus bas, inconsciente de ma valeur en tant que jeune femme, et accablée par des insécurités, je me suis retrouvée à m'engager dans des relations pour de mauvaises raisons.

En grandissant, je suis devenue experte pour cacher mes blessures liées à mon père. J'ai développé des mécanismes de défense, disant à mon cœur et à mon esprit que nous étions seuls, que nous devions nous débrouiller par nous-mêmes. J'ai pris la décision de toujours compter sur moi-même et de ne jamais faire entièrement confiance à quelqu'un. Je me suis convaincue que les gens finissent par partir, et que je ne devais pas être surprise quand cela arrivait.

Même si j'étais brisée à l'intérieur, je n'ai jamais cessé d'essayer de construire une relation avec mon père. Naïvement, je croyais qu'il avait la capacité de créer un lien avec moi. Au fond, je ne voulais pas son argent ; je voulais simplement une relation avec lui. Ce désir d'une relation père-fille pourrait donner l'impression que j'ai manqué d'affection ou d'attention de la part de mon père adoptif / oncle, mais ce n'est pas le cas. Je crois sincèrement que nous sommes créés avec un profond besoin inné de nous connecter personnellement à nos parents biologiques.

C'est à travers cette connexion que nous trouvons souvent la confiance en soi, la validation, le sentiment de valeur et une estime de soi saine. C'est pourquoi j'étais si désespérée de construire une relation avec lui. Ainsi, il existe des blessures liées au père que mon père adoptif / oncle n'a pas pu guérir, malgré ses efforts et son affection.

Après près de quinze ans d'une relation intermittente avec mon père, j'ai perdu espoir. J'étais prête à lâcher prise.

J'avais tout essayé, mais rien ne semblait fonctionner. J'étais émotionnellement épuisée, fatiguée d'attendre et lassée d'être déçue. Alors, après l'obtention de mon diplôme universitaire, j'ai mis fin à cette relation. J'ai fait la paix avec l'idée que cela n'arriverait jamais, et que ma seule option était d'avancer sans lui. Après tout, j'avais grandi sans lui ; je pouvais sûrement continuer ma vie de la même manière.

Au moment où j'ai pris cette décision, j'étais remplie de colère et d'amertume envers lui. Étrangement, c'est à cette période qu'il a commencé à essayer d'aider ou de renouer le contact. Mais mon cœur, lui, s'était déjà refermé. J'avais pris ma décision : je devais protéger ma paix.

Il est fascinant de voir à quel point nous oublions souvent d'inviter Dieu dans nos relations. Avec ma compréhension limitée et mes propres forces, je pensais pouvoir gérer mes blessures liées à mon père toute seule. Je croyais que si j'essayais simplement plus fort, si j'abordais les choses différemment, peut-être que quelque chose finirait par changer. Mais rien n'a changé... jusqu'au moment où j'ai abandonné. Et c'est précisément lorsque j'ai lâché prise que Dieu est intervenu.

Il a commencé à me montrer le chemin à suivre, mais c'était extrêmement difficile. En réalité, c'était douloureux et coûteux. Pourtant, c'était le seul chemin vers la guérison et la seule voie vers la réconciliation. Il est incroyable de voir comment Dieu sait exactement ce dont nous avons besoin et quand nous en avons besoin — même lorsque nous-mêmes n'en avons aucune idée. Je ne savais pas que la clé pour guérir ma douleur était le pardon. J'avais accumulé tellement de ressentiment envers mon père que je ne voulais plus rien avoir à faire avec lui, ni avec qui que ce soit de sa famille. Sa famille n'était pas la cause de ma douleur, mais elle est devenue victime de mon amertume. Je les ai repoussés. Je suis devenue étrangère à mes cousins et à mes oncles, à l'exception de ma grand-mère. Elle a toujours été gentille avec moi. Mais même avec elle, ma colère créait une distance.

Je ne voulais plus rien avoir à faire avec cette partie de ma famille. Parfois, je souhaitais même porter un autre nom de famille, car je portais celui de la famille de mon père et je le rendais responsable de tout cela. J'étais profondément blessée, aveuglée par le ressentiment... et c'est à ce moment-là que Dieu a commencé à intervenir.

À travers Mavuno Church, Dieu a commencé à m'enseigner le pardon. Je n'avais jamais entendu d'enseignement sur le pardon auparavant. Mais un dimanche, notre pasteur a prêché sur « le Notre Père » et quelque chose a changé dans mon cœur.

Il a expliqué qu'il y a certaines choses que notre Père céleste ne nous pardonnera pas tant que nous continuerons à garder de la rancune envers les autres. J'avais récité le Notre Père d'innombrables fois dans ma vie, mais je ne m'étais jamais vraiment arrêtée sur cette partie qui dit : *« Pardonne-nous nos offenses, comme nous pardonnons aussi à ceux qui nous ont offensés » (Matthieu 6:12).* Dans ce même chapitre, Jésus ajoute : « *Si vous pardonnez aux hommes leurs fautes, votre Père céleste vous pardonnera aussi. Mais si vous ne pardonnez pas aux hommes, votre Père ne vous pardonnera pas non plus vos fautes » (Matthieu 6:14-15)*. Et encore, dans Marc 11:25, il est écrit : « *Lorsque vous êtes debout en prière, si vous avez quelque chose contre quelqu'un, pardonnez, afin que votre Père qui est dans les cieux vous pardonne aussi vos offenses.* »

Remarquez que l'Écriture ne précise pas le type d'offense que nous devons pardonner ; elle dit simplement de pardonner à ceux qui nous ont offensés, parce que notre Père céleste désire aussi nous pardonner. Lorsque j'ai entendu ce message pour la première fois, une liste de personnes qui m'avaient fait du tort m'est immédiatement venue à l'esprit, et en tête de cette liste se trouvait mon père. Je ne pouvais pas croire que Dieu me demandait de lui pardonner. Cela me semblait injuste. C'était lui qui m'avait fait souffrir. C'était à lui de demander pardon, pas à moi. Cela n'avait aucun sens.

Pendant un moment, j'ai lutté avec cela. Ce que Dieu me demandait dépassait mes capacités. C'était trop. Mon père ne méritait pas mon pardon, car il m'avait fait tellement de mal. Mais la voix de Dieu est devenue trop forte pour être ignorée.

À cette même période, l'un des pasteurs que je suis en ligne a également commencé une série d'enseignements sur le pardon. C'était comme si Dieu me parlait de tous les côtés.

Finalement, je me suis rendue, et j'ai compris que cet acte de pardon n'était pas pour mon père, mais pour moi.

Convaincue par le Saint-Esprit, j'ai choisi d'obéir. Même si cela n'avait pas de sens, même si je ne me sentais pas prête, je me suis soumise à ce que Dieu me demandait. Pourtant, j'avais encore beaucoup de questions : à quoi ressemble réellement le pardon ? Comment savoir avec certitude que j'ai vraiment pardonné ? Et si mon père ne prenait jamais la responsabilité de ce qu'il avait fait ? Et s'il ne répondait pas du tout ? Et si je finissais encore blessée ?

Heureusement, je n'étais pas seule. Mes pasteurs ont marché avec moi. Ils ont prié pour moi, m'ont soutenue et m'ont guidée à travers ce processus. Après avoir appris tout cela, il était temps de le mettre en pratique. Alors, j'ai rassemblé tout le courage que j'avais et j'ai appelé mon père. Avant cet appel, j'étais nerveuse et anxieuse, mais j'avais décidé de lâcher prise. J'étais prête à suivre avec lui les étapes du pardon mentionnées précédemment. Nous avons passé cet appel un dimanche soir, quelques jours avant mon 26e anniversaire. Cela faisait longtemps que je n'avais pas entendu sa voix, au point d'en avoir presque oublié le son.

Nous avons commencé à discuter de manière informelle, ce qui m'a rendue encore plus nerveuse ; je voulais juste en finir. Après un moment, il m'a donné la parole pour expliquer pourquoi je souhaitais lui parler. Je lui ai dit que la raison de mon appel était de parler de notre relation. À partir de là, j'ai commencé par reconnaître la douleur qu'il m'avait causée et ce que cela m'avait fait ressentir. J'ai ensuite exprimé l'impact de son absence sur ma vie. Puis, je lui ai expliqué que la raison principale de mon appel n'était pas de le juger, mais de choisir de lui pardonner — pour moi. Enfin, j'ai laissé une porte ouverte à la réconciliation, au cas où il souhaiterait toujours faire partie de ma vie, tout en précisant que je serais également en paix s'il choisissait de ne pas en faire partie.

Cet appel a marqué le début d'une magnifique relation. À travers le pardon, j'ai pu guérir complètement et, en bonus, j'ai retrouvé le père le plus incroyable qui soit. Aujourd'hui, il est mon meilleur ami, mon plus grand soutien, et je sais avec certitude qu'il est là pour moi. Bien sûr, il n'est pas parfait, pas plus que moi, et apprendre à être enfant à l'âge adulte — ou parent d'un adulte — peut être difficile. Cependant, chaque jour est une opportunité de grandir dans cette relation père-fille. Même si cette histoire se termine bien, le chemin vers le pardon et la réconciliation a été loin d'être parfait. Il m'a fallu presque une année pour faire à nouveau confiance à mon père. Au début, je vivais dans la peur constante qu'il puisse me blesser à nouveau. Mais le fait d'avoir des conversations ouvertes et de rester fidèle à moi-même et à mes émotions m'a aidée à surmonter cette peur — la peur de le perdre encore. De plus, remettre ma douleur entre les mains de Dieu m'a appris à faire confiance, non seulement à mon père, mais aussi au processus de Dieu et à son timing parfait.

Le retour de mon père dans ma vie a également élevé mes standards concernant la manière dont je mérite d'être traitée dans les relations amoureuses. Il m'appelle sa princesse ; il me chérit et m'aime profondément. À travers lui, j'ai découvert ce que signifie se sentir en sécurité, être vue, et simplement être une fille. Il a placé la barre très haut.

De plus, cette relation restaurée a transformé ma façon de voir mon Père céleste. Pendant longtemps, ma relation brisée avec mon père terrestre m'empêchait de me rapprocher de Dieu comme d'un Père aimant. Mais lorsque la réconciliation a eu lieu, j'ai enfin compris ce que signifie être une fille, non seulement pour mon père terrestre, mais aussi pour Dieu. Cela a tout changé. Je n'ai plus peur de Dieu et je ne le vois plus comme un être distant, assis loin dans le ciel. Aujourd'hui, je peux dire avec assurance : j'ai un Père céleste.

Pour dire la vérité, le pardon est difficile, mais il en vaut la peine. À travers l'obéissance, Dieu a restauré tout le temps perdu et en a fait quelque chose de beau. J'ai hâte de voir ce qu'Il a encore en réserve pour nous, et ma prière est que mon père vive assez longtemps pour voir ses arrière-petits-enfants, car je crois que Dieu ne fait pas les choses à moitié. Ce n'est que le début.

Roxane GATOTO

Extraits de son livre « Treasures in a jar of clay. God's glory displayed through brokeness »

II

À une certaine période de ma vie, je fréquentais une église située à l'intérieur du pays où je vivais. Je participais activement aux œuvres de Dieu, et ma foi occupait une place centrale dans mon quotidien. Mais ma vie a basculé le jour où j'ai été trahie par une personne en qui j'avais confiance.
Le pasteur de mon église, encore jeune et en préparation de son mariage, m'a invitée à une réunion chez lui. Comme nous faisions souvent des fraternités à la maison, je n'ai rien soupçonné. À mon arrivée, personne n'était là. Après un moment, j'ai compris que j'avais été trompée. Ce pasteur a abusé de moi et m'a violée.

Je savais, dès ce moment-là, que si je parlais, personne ne me croirait. Dans l'église, ce pasteur était aimé et respecté, et je craignais que l'on pense que je voulais salir son image ou détruire sa réputation. Cette peur m'a enfermée dans le silence. Alors j'ai pris la décision de ne rien dire à personne et de porter seule ce fardeau.

Quelques temps après l'abus, je me trouvais toujours dans une grande confusion. J'étais déjà en couple avec quelqu'un de mon église, mais je ne lui ai jamais parlé de ce qui s'était passé. Je me posais mille questions : qu'allait-il penser si jamais il découvrait ce qui m'était arrivé ? Aurais-je pu lui parler de ma blessure ? N'ayant personne à qui demander conseils ou soutien, dans ce désarroi et cette solitude, j'ai pris la décision d'avoir des rapports avec lui. C'était une manière, même imparfaite, d'essayer de me sentir aimée et de faire face à ma douleur. C'est ainsi que, malgré moi, cette situation m'a conduite à tomber enceinte.

Quand j'ai découvert ma grossesse, j'ai été submergée par la peur et le désespoir. Je ne savais pas comment l'annoncer à mes parents ni comment gérer cette situation. Tout me paraissait insurmontable. Heureusement, quand j'en ai parlé à mon copain, il a accepté la situation et a été un véritable soutien. Il était heureux malgré tout et m'a rassurée, ce qui m'a apporté un peu de calme dans ce moment de confusion et de détresse.

Après cette période difficile, il m'a proposé de se marier. J'ai accepté, mais il est important de préciser que je ne l'ai pas fait à cause de la grossesse. Je me suis mariée avec lui parce que je voyais en lui un homme sincère, sérieux et véritablement prêt à m'aimer et me soutenir dans la vie. Un an plus tard, nous nous sommes mariés, et j'ai commencé à trouver une stabilité dans ma vie, même si ma relation avec Jésus était fragile à ce moment-là.

J'ai parfois voulu arrêter de croire en Dieu. J'ai essayé de vivre comme les autres, d'aller dans des bars, d'écouter des musiques mondaines, cherchant à combler le vide en moi. Mais rien ne pouvait remplacer Dieu. Ce vide, cette solitude spirituelle, ne pouvait être comblé que par Lui.

Petit à petit, j'ai décidé de me rapprocher à nouveau de l'église. Les prédications du pasteur Marc Kagisye m'ont profondément aidée. Il répétait souvent que la foi n'est pas seulement une question de ce que font les autres, mais avant tout une relation personnelle, intime, entre soi et Dieu.

Grâce à lui, j'ai compris que ce n'était pas Jésus qui m'avait fait du mal, mais des hommes. Cette révélation m'a permis de commencer à guérir. J'ai commencé à prier différemment, pour moi-même et pour ma relation avec Dieu. Progressivement, j'ai ressenti une paix intérieure. Ce vide que je portais depuis longtemps a commencé à disparaître. Je me sentais plus légère, plus à l'aise, heureuse.

Ensuite, j'ai eu l'opportunité de participer à une formation en leadership transformationnel organisée par Bishop Dieudonné Nahimana. Pendant cette formation, j'ai eu l'occasion d'écouter des enseignements qui m'ont profondément touchée et aidée à comprendre que j'avais besoin des personnes dans ma vie à qui parler, demander de l'aide ou des conseils par rapport à ce que je vivais ou ce que je voulais accomplir. Cette expérience m'a ouvert les yeux et m'a montré que je n'avais pas à porter seule mes fardeaux.

J'ai également participé à un séminaire intitulé « Kwimenya no Gukira », dirigé par un certain pasteur et le psychothérapeute Athanase. Là, j'ai compris que j'étais réellement blessée et que j'avais besoin d'accompagnement pour guérir. Le premier jour où j'ai partagé mon histoire, c'était avec le pasteur Marc. J'ai pleuré, énormément pleuré, mais j'ai ressenti un immense soulagement, comme si un fardeau quittait mes épaules.

Plus tard, j'ai rencontré le Pasteur Gaëlla (auteure de ce livre). Ses vidéos sur les réseaux sociaux m'avaient déjà beaucoup aidée avant même que je ne la rencontre en personne. Quand je l'ai rencontrée, elle a été une véritable bénédiction, m'offrant soutien, conseils et encouragements, me permettant de continuer mon chemin de guérison avec force et confiance.

Aujourd'hui, je me sens libérée. Je ne me vois plus comme quelqu'un qui a été source de malédiction. Je sais que j'ai été victime, mais je comprends que je dois guérir pour vivre pleinement ma vie.

Jésus est mort pour moi afin que je puisse vivre sainement, heureuse et sans honte de qui je suis. Je peux maintenant partager mon histoire, et le fait même que je sois en train de le faire ici en est la preuve.

Je sais que Dieu seul peut me guérir. Lui seul est ma source de joie, de bénédiction et de paix. Les actes des hommes, même de pasteurs ou de chefs d'église, ne doivent jamais être attribués à Jésus. Je partage mon témoignage pour montrer Sa fidélité. À travers toutes mes épreuves, j'ai vu Sa main guider ma vie, et je peux affirmer avec conviction que j'ai été protégée et soutenue à chaque instant.

Bernice (nom de famille gardé anonyme)

III

J'avais 15 ans. Mon père venait de sortir de prison. Je l'avais attendu pendant des années. Dans mon cœur d'enfant devenue adolescente, j'avais nourri une conviction presque naïve : la prison change les hommes. Je m'étais préparée à ce moment. À lui parler. À lui dire combien la vie sans lui avait été lourde. À déposer sur ses épaules tout ce que j'avais gardé en moi. J'avais tant de choses à lui révéler.

Un jour, deux semaines après sa libération, il m'a demandé de l'accompagner pour rendre visite à ses amis restés en prison. J'étais heureuse. Simplement heureuse. Heureuse de marcher à ses côtés. Heureuse de retrouver ce papa qui m'avait tant manqué. Nous sommes allés au restaurant. Il buvait. Et moi, je regardais l'heure passer.

18h. « On rentre ? » demandais-je doucement. Silence. 19h. Les insultes ont commencé. Puis tout a basculé.

Au lieu de rentrer à la maison, il a pris la direction d'une parcelle, dans un quartier de Bujumbura. Une parcelle vide. Des maisons autour. Mais aucune lumière. Aucun secours. « Si quelqu'un sort, je le tue. » Ces mots ont suffi à faire taire toute aide possible.

De 21h à 3h du matin, j'ai vécu l'enfer. Insultée. Humiliée. Frappée. Menacée. Et abusée. Comment décrire l'indescriptible ? C'était comme si le ciel et la terre s'étaient effondrés sur moi. Comme si tout ce que j'étais venait d'être brisé en un instant. Je me souviens seulement d'une chose :
J'ai voulu mourir. C'était la première fois que la mort me semblait être une issue.

Un oncle a remarqué le changement. Entre mon père et moi, tout était devenu tension. Un regard suffisait. Une parole déclenchait tout. Et tout ce qui me donnait de la joie semblait l'irriter. Alors Mon oncle a proposé que je parte à l'internat.

Je suis partie. Parce que rester, c'était mourir à petit feu. Rester, c'était revivre l'enfer. Au lycée, une question revenait sans cesse sur mes lèvres : Qu'est-ce que la vie ?
Je ne voyais plus de raison de vivre. J'ai terminé mes études secondaires, puis l'université est arrivée. Et c'est là… que tout a commencé à changer.

Ma guérison a commencé le jour où j'ai rencontré Jésus-Christ. Le jour où je L'ai reçu comme Roi et Sauveur de ma vie. J'ai compris une chose difficile, presque impossible : Si je voulais Le suivre, je devais pardonner. Même si mon père ne me l'avait jamais demandé. Même si la douleur était encore là.
Lorsque j'en ai parlé à celui qui était alors mon fiancé, il m'a comprise… et aimée encore plus. Nous nous sommes mariés.
Et aujourd'hui, nous avons trois enfants.

Mais pardonner n'a pas été instantané. Il m'a fallu neuf ans. Neuf années de lutte intérieure. Neuf années de larmes, de prières, de confrontations avec moi-même et avec Dieu.

La Parole de Dieu m'a portée. Comme dans ce passage où Jésus refuse de condamner, mais appelle à une vie nouvelle (Jean 8:1-11). Et peu à peu, Dieu m'a révélé le vrai sens du pardon.

Aujourd'hui, je n'ai plus de rancune. Mieux encore... J'ai de la compassion. Car un parent capable d'une telle violence est lui-même profondément brisé. Je crois qu'il n'a jamais connu la paix dans son cœur. En lisant les Écritures, notamment dans les lettres de Pierre, j'ai compris une réalité spirituelle : Ce qui avait tenté de me détruire voulait en réalité éteindre ma destinée. Éteindre mon étoile. Mais Dieu... Dieu avait un autre plan. Comme il est écrit : « Nous savons du reste que toutes choses concourent au bien de ceux qui aiment Dieu » (Romains 8:28). Et encore : « Vous aviez médité de me faire du mal : Dieu l'a changé en bien » (Genèse 50:20).

Ce que l'ennemi voulait utiliser pour me détruire, Dieu l'a transformé en mission. Il m'a fallu 15 ans pour comprendre mon appel. 15 ans pour donner un sens à cette douleur.

Aujourd'hui, je suis libre. Et parce que je suis libre, je refuse que d'autres restent prisonnières. Je veux que celles qui ont subi ces abus trouvent, elles aussi, la liberté à travers ce témoignage. Car chez nous, c'est un sujet tabou. Un silence lourd. Un silence dangereux. Un silence qui pousse certaines jusqu'au suicide.

Alors j'ai décidé de briser ce silence. De me lever. De parler. De créer une association pour lutter contre les violences sexuelles domestiques. Aujourd'hui, je suis devenue une voix.

La voix de celles qui n'osent pas parler.

La voix de celles qui souffrent en silence.

La voix des sans-voix.

Parce qu'aucune histoire ne devrait se terminer dans le silence.

Fleureine AGAKIZA, Fondatrice de "Salvation Center"

IV

Parfois, quand une tragédie frappe, elle frappe très fort. Je m'appelle Michel Ndayishimiye. Je suis le cinquième d'une famille de six enfants. En 1995, une tragédie a frappé notre famille d'une manière qui allait tout changer. Je n'avais que six ans, et la vie n'a plus jamais été la même.

Notre famille était organisée de telle sorte que mon père travaillait à Bujumbura, tandis que ma mère restait au village de Matana avec nous, les enfants, en tant qu'agricultrice. Papa rentrait de temps en temps pour nous rendre visite. Ma mère était le pilier de notre foyer, celle qui maintenait tout en place. Mais il y avait des tensions autour de notre famille.

Là d'où je viens, les conflits fonciers sont fréquents. Certains se règlent devant les tribunaux, mais d'autres prennent un chemin plus sombre. D'après ce que j'ai compris plus tard, ma mère a été victime d'un tel conflit, tuée à cause d'un litige foncier impliquant quelqu'un de proche de notre famille. J'étais trop jeune pour comprendre ce qui se passait. Mais tout le monde s'accordait sur un point : ma mère avait été victime de sorcellerie. Je ne me souviens pas comment elle est tombée malade. Ce que je sais, c'est ce qu'on m'a raconté : elle se plaignait de fortes douleurs à l'estomac. Tout ce qu'elle avalait, elle le vomissait. Les médecins ne trouvaient rien d'anormal. On a fait appel à des guérisseurs traditionnels parce que notre frère aîné était lui aussi très malade au même moment. Le guérisseur a réussi à aider mon frère, mais il a déclaré qu'il ne pouvait rien faire pour ma mère ; c'était au-delà de ses capacités.

Dans la famille, tout le monde semblait savoir qui était responsable. Mais personne n'a rien fait. Il y avait des murmures, des conversations discrètes qui parvenaient jusqu'à mes oreilles, même à six ans. J'ai grandi en sachant qui avait tué ma mère. Je me souviens de son enterrement dans un petit cimetière près de l'église de Mugano. L'atmosphère était lourde. Les gens pleuraient, mais je ne comprenais pas vraiment ce qui s'était passé. Je ne me souviens pas avoir pleuré. Pendant sa maladie, on ne nous avait pas emmenés lui rendre visite à l'hôpital. Peut-être qu'au fond de moi, je pensais qu'elle allait revenir.

Après l'enterrement, une réunion familiale a eu lieu. Tout le monde savait que ma mère était le lien qui unissait la famille. Sans elle, tout s'effondrait. Une décision a donc été prise : les enfants seraient séparés. Chacun de nous a été envoyé chez un membre différent de la famille. En un instant, notre famille a été dispersée. Je me suis retrouvé chez ma tante, tandis que mes frères et sœurs étaient chez nos grands-parents, paternels et maternels.

Alors que nous essayions de nous adapter à cette nouvelle réalité, avant même qu'une année ne s'écoule, une autre tragédie a frappé. Mon père, à Bujumbura, est tombé malade. C'était soudain et inexpliqué. Son corps s'affaiblissait, sa mâchoire s'est bloquée, et il ne pouvait plus parler. Pour ma famille, il n'y avait aucun doute : le même ennemi avait frappé à nouveau.

Encore une fois, nous, ses enfants, n'étions pas là. Nous ne pouvions pas lui rendre visite. Seul mon frère aîné a réussi à le rejoindre, mais il est arrivé trop tard. Mon père était déjà dans le coma. Il a essayé de parler, mais il n'en avait plus la force. Ce même jour, mon père est décédé. Il a été enterré à Bujumbura. Nous n'avions pas les moyens d'assister à son enterrement. Et ainsi, nous sommes devenus orphelins. Tout le monde savait qui était responsable. Et encore une fois, rien n'a été fait. C'est à ce moment-là que quelque chose a profondément changé en moi.

La première chose dont je me souviens, c'est la peur. Quand mon père est mort, j'étais seul. Mes frères et sœurs étaient dispersés. Il n'y avait personne proche de moi pour m'aider à comprendre ce qui se passait, personne pour m'aider à traverser cette perte. Et je savais que, où qu'ils soient, eux aussi étaient seuls.

Puis est venue la colère. J'ai grandi en étant un garçon en colère. J'étais confus, mais plus que tout, je me sentais abandonné. Je ne comprenais pas pourquoi personne n'intervenait, pourquoi personne ne faisait rien, pourquoi tout le monde semblait impuissant face à une telle injustice.

Dans notre culture, on t'apprend à avancer, à être fort, à continuer. Et à bien des égards, c'est ce que j'ai fait. Mais à l'intérieur, j'ai tout enfoui : la peur, la confusion, la colère. Et j'ai donné une direction à tout cela : la vengeance. C'est devenu mon objectif. Je me suis convaincu que je grandirais, que je deviendrais fort, et qu'un jour je vengerais ma famille. Ce désir me donnait une motivation. Il me poussait à travailler dur à l'école. Il me donnait quelque chose à quoi m'accrocher. Mais en dessous, la douleur restait.

Environ un an plus tard, mon jeune frère et moi avons été accueillis au SOS Villages d'Enfants à Nyakabiga, à

Bujumbura. Et c'est là que les effets de tout ce que j'avais enfoui ont commencé à apparaître. En grandissant, j'ai commencé à tout remettre en question. Quel était le sens de la vie si tout pouvait s'arrêter si soudainement ? Pourquoi travailler dur si tout peut disparaître en un instant ? Mon père n'avait-il pas travaillé dur ? Où était-il maintenant ? J'ai commencé à dériver, cherchant à engourdir la douleur de façons qui ne faisaient que m'appauvrir davantage.

Au fond de moi, je ressentais une profonde solitude. La vie me semblait injuste, comme si quelque chose d'essentiel m'avait été enlevé et que personne ne pouvait ou ne voulait le réparer. Je portais un sentiment subtil d'abandon, accompagné d'un profond désir de trouver un lieu où j'appartiendrais. Dans cette quête, j'ai été attiré par des personnes qui, bien que pas toujours bonnes pour moi, m'acceptaient sans poser de questions. À ce moment-là, l'acceptation était plus importante que la direction, et le sentiment d'appartenance comptait plus que la vérité.

C'est dans ces milieux que j'ai commencé à boire et à fumer très jeune. Au début, cela semblait être une échappatoire, un soulagement temporaire face à des pensées et des émotions que je ne pouvais pas gérer. Mais avec le temps, c'est devenu plus qu'une simple fuite. C'est devenu une manière de faire face et de faire taire le poids que je portais en moi.

Grandir dans la pauvreté a façonné la perception que j'avais de moi-même, entraînant de profondes luttes avec une faible estime de soi. Je me sentais souvent insuffisant et indigne. Pour ressentir de l'importance, je cherchais des environnements où je pouvais me sentir « gagnant », même par des moyens malsains. L'alcool est devenu l'un de ces moyens. J'essayais de boire plus que les autres, de me démarquer, de prouver quelque chose. Quand les autres le remarquaient et m'admiraient, cela comblait mon besoin profond de validation. Leur approbation me poussait à aller encore plus loin, à maintenir cette image. J'ai fini par me convaincre que j'aimais ce mode de vie, mais en réalité, je cherchais une validation, pas du plaisir.

En parallèle, je cherchais aussi cette validation dans les relations. Au lycée, j'ai commencé à entrer dans des relations avec des filles, non pas par stabilité émotionnelle, mais par besoin de me sentir aimé. Je me suis construit une image de confiance et de rébellion — un « bad boy » qui boit et fume pour paraître plus attirant. Mais plus j'essayais de combler ce vide, plus je réalisais à quel point j'étais vide. Tous mes efforts échouaient à me satisfaire. Au fond, la douleur que je cherchais à fuir restait.

À ce moment-là, il y a eu une transition du village d'enfants de Nyakabiga vers un nouveau quartier appelé Gihosha. Je ne connaissais personne là-bas, ce que je voyais comme une opportunité de recommencer à zéro. Je pensais pouvoir me réinventer et laisser derrière moi mes anciennes habitudes. Mais cet espoir a été de courte durée. Très vite, ce qui devait être un nouveau départ est devenu la continuité de mes anciennes habitudes. L'environnement avait changé, mais moi, je restais le même.

Pendant ce temps, en ville, un réveil spirituel discret prenait place parmi les jeunes. Beaucoup, issus de classes moyennes, commençaient à explorer les églises évangéliques et à développer une relation personnelle avec Dieu. Au début, cela ne me semblait pas important. Ayant grandi dans un environnement catholique, tout ce qui sortait de cette tradition me paraissait étrange et inconfortable. Ma vision de Dieu était distante et formelle. Mais à Gihosha, quelque chose a commencé à changer.

Un de mes voisins a donné sa vie à Christ, et à travers lui, j'ai découvert quelque chose que je n'avais jamais expérimenté : un amour sincère et constant. Il parlait de Dieu comme de quelqu'un de personnel, proche, présent dans sa vie quotidienne. Ce qui m'a le plus marqué, c'était sa joie. Elle était réelle, pas forcée. Peu à peu, ma curiosité a grandi. Je me suis demandé si moi aussi je pouvais vivre cela. Ils m'ont invité à leurs rencontres, et j'ai fini par aller à l'église. Je me souviens du prédicateur encourageant des personnes sceptiques comme moi à simplement essayer Dieu. Cette invitation est restée en moi. Alors, avec sincérité, j'ai décidé d'essayer. Le 30 janvier 2005, j'ai donné ma vie à Christ. C'était comme une lumière qui perçait l'obscurité. Pour la première fois, j'ai connu une joie véritable. Quelque chose en moi a pris vie. Mon esprit était renouvelé, mais mon âme était encore brisée. C'était le début d'un chemin, pas une solution instantanée.

Je grandissais spirituellement, je servais même, mais il y avait des parties de mon cœur que je refusais d'ouvrir. Je disais à Dieu : « Tu peux tout avoir, sauf ça. » Lâcher prise me semblait encore être une faiblesse. Tout a changé en 2009, lors d'une retraite spirituelle. Nous avons écouté un enseignement sur le pardon qui m'a profondément touché. C'était Joyce Meyer à Kigali, partageant comment elle avait pardonné à son père qui l'avait abusée pendant des années. Pour la première fois, j'ai laissé remonter toute la douleur que j'avais enfouie. J'ai prié : « Dieu, si tu as pu l'aider à pardonner, aide-moi aussi. » J'ai pleuré, libérant des années de souffrance. À ce moment-là, j'ai senti que Dieu m'invitait à lâcher prise.

Ce jour-là, j'ai pris une décision : pardonner. Pas parce que tout avait du sens. Pas parce que la douleur avait disparu. Mais parce que j'étais prêt à abandonner ce que je ne pouvais plus porter. La guérison n'a pas été instantanée, mais quelque chose a profondément changé. Des années plus tard, j'ai appris que ceux que je voulais autrefois blesser étaient morts. Au lieu de ressentir de la satisfaction, j'ai ressenti de la compassion. J'ai même prié pour eux.

Aujourd'hui, je comprends que la guérison a commencé lorsque j'ai cessé de m'accrocher à ma douleur et que j'ai commencé à la remettre à Dieu. Le pardon n'est pas excusé, c'est faire confiance à Dieu avec ce que nous ne pouvons pas résoudre. Je n'avais pas besoin de réponses pour être libre ; j'avais besoin de m'abandonner. Aujourd'hui, je peux dire avec assurance : Dieu a été mon Père. Perdre mes parents terrestres ne signifie pas que j'ai manqué de quoi que ce soit. Il m'a porté, guéri et restauré d'une manière que je n'aurais jamais imaginée. Mon histoire ne s'est pas terminée dans la vengeance.

Elle a trouvé la liberté dans l'abandon.

Pasteur Michou, Pasteur Principal Mavuno Church Bujumbura

IV

Dieu est souverain et bon “all the time”, dit-on. Sauf que lorsque nos âmes traversent des nuits infernales, cette vérité semble vaciller. On se demande si ce Dieu, bon à tout moment, ne somnole pas parfois ou si, des fois, Il ignore nos appels, comme s’Il était trop occupé. Âmes sensibles, s’abstenir ! Voici le difficile récit d’un abus sexuel même après avoir reçu Jésus comme Roi et Sauveur.

C’est un beau mercredi. Il est 6h30 du matin, je m’apprête à commencer la journée. Le soleil, dans toute sa splendeur, commence à rayonner sur la ville de Bujumbura. Les oiseaux chantent pour annoncer le lever d’un autre jour. Je décide de m'agenouiller pour remercier le bon Dieu pour toutes ses merveilles.

À 7h du matin, je prépare mon petit déjeuner, tout en pensant à ce que je vais porter en ce si beau jour. Tiens, cette chemise arc-en-ciel, je ne l'ai pas portée depuis longtemps. Ça irait bien avec mon pantalon « pattes d'éléphant » marron. Je prends mon petit déjeuner et m'en vais repasser mes habits. Soudain, à la vue de ma chemise, des souvenirs s'éveillent, la tragédie d'un soir d'été 2022 refait surface, c'est la dernière fois que je portais cette chemise. Je repose le fer à repasser, cherche une échappatoire, et finis par murmurer : « Saint-Esprit ne laisse pas ces pensées me noyer ! »

Mon histoire

Je suis une jeune fille dans sa vingtaine. J'ai passé pas mal d'années à pratiquer ardemment le “self love” pour me persuader de ma valeur en tant qu'être humain. Depuis mon bas âge, j'ai vécu des scénarios sadiques, un désarroi qui m'a fait douter de ma personne, de ma raison d'être. Une tornade qui a ravagé plusieurs de mes rêves pendant une période assez longue. Mais quand j'ai reçu Jésus comme mon Roi et Sauveur, je pensais ne plus revivre ces moments, jusqu'à ce soir d'été 2022.

Je vous raconte.

C'était un mercredi, mon jour préféré de la semaine. Je revenais du boulot. Comme j'avais réussi à cocher toute activité sur ma to do list, j'ai senti le besoin de rejoindre mes deux amis pour souffler et m'offrir un bon jus à la menthe. On a eu trois bonnes heures de conversation et d'échanges, puis nous avons décidé de rentrer.

La tragédie

En route vers le parking des taxis, j'ai croisé un vieil ami. C'était magnifique. Ça faisait presque une année que l'on s'était perdu de vue. Nous avons parlé pendant quelques minutes, et il s'est proposé de me déposer chez moi. « Quelle bonne nouvelle, l'argent du taxi va aller dans ma poche ce soir », me disais-je.

En route, j'ai remarqué qu'il prenait la mauvaise direction et je lui ai signalé qu'il empruntait le chemin le plus long. Calmement, il a répliqué qu'on n'allait pas chez moi directement : « Il faut qu'on passe chez moi ». Mon cœur a fait un bond, mais il ne fallait pas que je le montre sans être sûre de la raison de ces palpitations. Poliment, je lui ai demandé : « Et pourquoi donc on doit passer chez toi ? Il y aurait-il quelque chose que tu voudrais prendre ?». Et de me répondre : « Non, je veux juste qu'on passe un petit moment ensemble. Ça faisait longtemps non ?»

Ma peur s'accéléra. Avec un petit rire nerveux, je lui dis : « Mais arrête tes blagues. Dépose-moi chez moi. Je suis vraiment fatiguée, et d'ailleurs, on ne fait jamais ça toi et moi. Je veux dire, des visites aussi intimes. » A cela, il monta le volume au max et rigola. Ma panique augmenta de plus en plus et avec un ton coléreux, je l'intimai : « Dépose moi ici, c'est bon, je vais prendre un taxi. ». C'était peine perdue, Il m'embarqua chez lui.

La peur, la colère, la panique, toutes les émotions bouillonnaient en moi comme une lave d'un volcan ! Dès que la voiture approcha sa maison, son gardien ouvrit vite le portail, comme s'il savait le deal. D'ailleurs, ce n'était pas un simple gardien. Il portait la tenue bleu marine. Oui, une garde policière. Ma peur me dicta de négocier. Négocier sur ce dont j'ai le plein droit. Je le suppliai de me laisser rentrer chez moi. Il répliqua avec un sourire maléfique : « Viens ! Si non, tu as vu ceux qui assurent ma sécurité ! »

Malgré toutes ces émotions, au fin fond de moi j'étais persuadée que murmurer à Dieu m'épargnerait de cette tragédie, supplier ce bon Dieu qui a tant répondu à mes prières, même les plus banales. Mais il me semblait que ce soir il m'avait laissé dans la gueule du loup.

Et pourtant, ce n'était pas la première fois que je faisais face à l'abus. Mais c'était la première fois en étant née de nouveau, la première fois en marchant avec Christ, la première fois en croyant profondément que, cette fois-ci, Dieu était avec moi et qu'Il ne permettrait jamais que cela m'arrive. Puisque j'étais convaincue que même s'Il voit tout, ces autres fois étaient peut-être arrivées parce que j'étais loin de Lui.

Je suis entrée dans sa maison, toute tremblante. J'avais en moi une folle foi, « Seigneur, fait quelque chose. You can, please help me out, ne me laisse pas seule. » Cet ami que j'avais connu comme un frère, cet ami avec qui j'ai passé de longues heures à discuter, cet ami qui m'encourageait à chaque saison de ma vie, ce même ami n'a pas eu honte d'abuser de moi. Il a allumé son speaker à fond. Comme bon lui semblait. Il a jeté son sale appétit sur mon corps, me mordant partout comme un chien qui dévore sa proie, déchirant mes habits sans penser au moment suivant.

Je me suis battue, comme une guerrière, je me suis défendue. Je me suis servie de toutes les techniques que j'avais apprises lors de nos jeux-combats durant l'enfance, pour qu'au final, il remporte le combat. J'ai encore négocié, lui rappelant que j'avais gardé cette dignité pour celui qui allait remporter ma main le reste de mes jours.

Mais même après ça, il m'a fait voyager dans les abysses de l'enfer. Il m'a obligé non seulement à me soumettre à une intimité que mon âme refusait, à offrir ma bouche à son désir violent; mais aussi d'avaler sa sadique semence lorsque sa soif était assouvie. Et de là, il m'a craché à la figure : « La salle de bain est là-bas. Vas vite t'habiller pour que je te dépose chez toi. » Que devrais-je faire ? Mes yeux ne faisaient que ruisseler, si je me rappelle bien. J'ai comme perdue la mémoire, comme si mon vécu n'était qu'un conte. En rentrant, il m'a répété à maintes reprises que si je crachais un mot, le pire m'attendait.

Et quand je suis finalement arrivée chez moi, j'ai crié, j'ai crié cette horreur, j'ai à maintes reprises demandé à Dieu "dors-tu maintenant ? est-ce que tu n'as pas entendu mes supplications?". Ne sachant pas que là n'était pas la fin de l'histoire.

Deux jours après, l'ami qui était devenu diable devant mes yeux ne m'a pas épargnée. Il m'intimida avec sa police, parce que oui j'ai dû en parler à mes proches, j'ai dû raconter cette soirée. Sa police a exécuté directement son boulot et j'ai passé 6h d'enfer à me défendre, devant cet imbécile qui se déclarait victime. J'ai passé 6h à remuer mes plaies et pour m'en sortir, j'ai dû accepter son chantage.

Les mois qui ont suivis n'ont été que miséreux. Combien de fois j'ai pensé me suicider, je ne m'en rappelle plus ! Combien de fois je me suis saoulée pour échapper à ces cauchemars, je ne m'en rappelle plus ! Je ne pouvais plus me regarder dans un miroir. Je ne saurais expliquer combien je m'en voulais, et je voulais tellement comprendre pourquoi mon si bon Dieu m'a laissé endurer cette peine atroce !

S'en sont suivies d'interminables nuits d'insomnie, des journées de calamité, des mois de désarroi, une saison assez longue et lourde. Mais il y a des choses que l'on ne comprend qu'en intimité avec Dieu. Il y a des vérités qu'on ne peut accepter qu'en restant en amitié avec Jésus. Ce Dieu que je pensais m'avoir ignorée m'a révélé le pourquoi, un pourquoi lourd à porter, presque impossible à avaler, mais qui a déclenché le brisement de plusieurs chaînes générationnelles.

La guérison

Les semaines qui ont suivi cette nuit ont été irréelles. Je vivais comme un corps vidé de son âme. Pourtant, malgré la douleur et ce sentiment d'abandon qui me consumait, il y avait un endroit où mon cœur voulait encore aller : l'église. Deux semaines après cette tragédie, je me suis rendue à un culte de prière. Je ne me rappelle même plus du message de ce soir-là, mais je me rappelle parfaitement d'une femme qui dirigeait la prière. À un moment, elle s'est arrêtée puis elle a dit : « Il y a ici des personnes qui doivent pardonner quelqu'un. Dites son nom à haute voix et pardonnez la personne. »

Ces paroles ont traversé mon cœur comme une lame. Je me suis immédiatement révoltée intérieurement : « Seigneur, c'est trop me demander. Après ne pas m'avoir sauvée cette nuit-là, maintenant Tu me demandes de pardonner ? Oui, je comprends peut-être le principe du pardon, mais prononcer son nom avec ma propre bouche ? C'est injuste. »

Je sentais la colère bouillir en moi, une colère mélangée à la douleur et à cette impression terrible d'avoir été abandonnée. Mais malgré cela, j'ai fini par le faire grinçant les dents et le cœur brisé, j'ai prononcé son nom et dit « Je te pardonne. » En vérité, je ne l'ai pas fait parce que je le ressentais. Je l'ai fait parce qu'au fond de moi, malgré toutes mes blessures, une partie de moi voulait encore obéir à Dieu.
Et avec le temps, j'ai compris que le pardon n'était pas un instant de magie, plutôt une décision que mon âme devait parfois refaire encore et encore, jusqu'à ce que la liberté commence doucement à remplacer le poison.

Puis, au milieu de ce chemin de guérison, il y eut aussi une nuit que je n'oublierai jamais, où mon fiancé et moi avons décidé de prier ensemble pour combattre ce poison qui grandissait doucement dans nos cœurs. Cette nuit-là, nous avons parlé à Dieu avec des cœurs épuisés mais sincères. Et ensemble, à voix haute, nous avons déclaré que nous pardonnons cet “ami”. Dire son nom une nouvelle fois m’a semblé arracher quelque chose au fond de moi. Mais cette fois-ci, ce n’était plus seulement des paroles dites avec des dents serrées, mais plutôt une délivrance. Comme si Dieu était en train de récupérer des parties de mon âme que le traumatisme retenait prisonnières depuis longtemps. Et j’ai compris que le pardon ne change pas le passé, mais empêche le mal de continuer à posséder notre avenir.

Même après tout ça, les mois qui ont suivi n’ont été qu’un long couloir sombre. Les nuits sont devenues mes pires ennemies puisque je ne dormais plus, ou plutôt mon corps refusait de se reposer. Chaque fois que je fermais les yeux, mon âme semblait replonger dans cette nuit-là. Les cauchemars me poursuivaient jusque dans mon souffle et mon cœur battait souvent sans repos, comme s’il avait oublié ce qu’était la paix.

Puis, cinq mois après cette tragédie, quelque chose d'encore plus terrifiant est arrivé : j'ai perdu la mémoire. Je vivais comme un robot, j'ai commencé à avoir des troubles mentaux où j'oubliais presque tout même parfois où je suis et mon nom. Je me sentais absente de moi-même, comme si mon esprit avait décidé de quitter mon corps pour survivre. Alors ont commencé les rendez-vous chez le psychiatre, les thérapies intenses, les médicaments psychiatriques, les longues conversations pour essayer de mettre les mots sur une douleur que même moi je ne comprenais plus.

Et c'est là que j'ai découvert une vérité bouleversante : cette tragédie n'avait pas seulement créé une blessure, elle avait ouvert toutes les anciennes. À travers la thérapie, j'ai découvert que je portais une dépression chronique depuis l'âge très bas que je préfère ne pas préciser. Tout ce que j'avais enfoui pendant des années venait de refaire surface. Au fait, cet événement a été la goutte de trop, celle qui avait fait déborder un vase rempli depuis l'enfance.

J'ai énormément souffert mentalement, émotionnellement, rationnellement, socialement et même spirituellement. Parfois, je rentrais chez moi et je criais sans comprendre comment calmer cette douleur intérieure. Il m'arrivait même de frapper les murs avec mes mains ou ma tête, juste pour échanger, ne serait-ce qu'un instant, cette souffrance émotionnelle contre une douleur physique parce que la douleur physique avait au moins l'avantage d'être visible. J'étais constamment fatiguée, vide et vraiment éteinte. Et pourtant, au plus profond de moi, malgré la douleur et mes silences, une partie de moi continuait à croire que Dieu était bon. Je ne comprenais simplement pas pourquoi cette bonté semblait si loin de moi.

Je me disais parfois que peut-être c'est ça qu'Il a choisi pour moi, peut-être que certaines personnes sont simplement destinées à souffrir. Ce qui était contradictoire est que j'étais croyante et suicidaire en même temps. Comment peut-on aimer

Dieu et vouloir se suicider? Comment peut-on avoir la foi et être incapable de voir la lumière?

J'ai tenté de mettre fin à mes jours à deux reprises et à ma grande surprise me retrouver vivante le lendemain. Parlons de la protection divine ! Ce qui me poussait à en finir avec ma vie n'était autre que je me sentais comme un poids pour les personnes que j'aimais. J'avais l'impression que tout le monde irait mieux sans moi, du coup mourir me semblait parfois être la seule manière d'enfin me reposer.

Ce qui m'épate jusqu'à lors et le fait que même dans cet état, je continuais d'aller à l'église. Je m'asseyais au milieu des chants sans ressentir quoi que ce soit et les prédications traversaient mes oreilles sans atteindre mon cœur. Je regardais les autres lever les mains pendant que moi, je me noyais intérieurement. Parfois, je pleurais simplement parce que je n'avais pas dormi depuis plusieurs nuits. Oh que j'ai essayé de boire pour oublier et fuir ce désarroi, mais tout était en vain.

Alors, sans même m'en rendre compte, la guérison a commencé autrement, par la présence. Je continuais d'aller à l'église, de lire la parole de Dieu, participer aux moments de communion avec d'autres croyants; écoute, tout ce qui concerne Dieu, j'y allais quand même. Présente physiquement mais absente intérieurement, mon corps était là, mais mon âme semblait encore enfermée ailleurs.

Et c'est là que Dieu m'a fait comprendre quelque chose d'interessant : même lorsque mon esprit conscient était épuisé ou incapable de recevoir, mon subconscient, lui, continuait d'absorber Sa Parole. Alors que la douleur me paralysait, quelque chose en moi continuait silencieusement à être nourri, être présente descendait dans les profondeurs de mon être, même lorsque je pensais ne plus rien ressentir.

Et avec le temps, tout cela a commencé à reconstruire des endroits en moi que je croyais morts. Mais la guérison n'a pas été un chemin facile honnêtement. J'ai perdu pas mal de relations en cours de route, des personnes qui m'aimaient sincèrement et qui voulaient m'aider, mais qui n'ont pas pu saisir la complexité de ce long voyage. Extérieurement, je continuais à vivre, mais intérieurement je n'étais plus vraiment là. Une partie de moi avait disparu dans cette nuit-là.

Puis une année passa, une année entière à survivre plus qu'à vivre. J'étais fatiguée de voir mes proches souffrir avec moi et de voir leurs regards inquiets. J'étais épuisée d'être celle qu'on devait constamment relever ou veiller tout près. Alors un jour, je me suis isolée pendant toute une semaine. Je ne voulais franchement parler à personne, même mon fiancé, sauf qu'il a pu me convaincre de lui laisser une porte de communication.
Cette semaine-là, le silence était devenu mon seul refuge. Mais c'est aussi dans ce silence que Dieu est venu me rencontrer, miraculeusement. J'étais seule lorsqu'une voix clairement audible s'est faite entendre.
Je vous raconte
Cette voix : « Juste crois en moi. »

Moi : « Seigneur, comment peux-Tu dire que je ne crois pas ? J'ai pardonné à ceux qui m'ont blessée. J'ai continué à Te suivre malgré tout ce que j'ai traversé, je suis restée. Comment peux-Tu dire que je ne crois pas ? »

Puis la voix revint une seconde fois : « Crois seulement. »

Moi : « Mais qu'est-ce que je ne comprends pas ? Qu'est-ce que je ne vois pas ? Comment est-ce que Tu veux que te crois puisque je le fais ? »

Et la voix parla une troisième fois : « Crois seulement, de tout ton cœur. »

À cet instant, quelque chose en moi céda. Je répondis presque en larmes : « Seigneur, si Tu dis que je ne crois pas, alors je décide de croire. Parce que moi, je pensais déjà croire. »

Et soudain, le poids que je portais depuis des mois quitta ma poitrine complètement, comme si quelqu'un venait d'ouvrir une prison invisible autour de mon âme.

Je me souviens m'être levée immédiatement pour aller me regarder dans un miroir. Cela faisait si longtemps que je ne m'étais plus réellement regardée parce que chaque fois que je croisais mon reflet, je me sentais sale et défigurée intérieurement. Comme si cette nuit avait volé mon identité. J'évitais les endroits remplis de monde et m'isoler constamment. Je n'étais plus réellement vivante. Mais ce jour-là, pour la première fois depuis longtemps, je me suis regardée sans haine et au fond de moi, j'ai senti quelque chose renaître : l'envie de vivre. C'est ce jour-là que j'ai compris que la guérison de Dieu est finalement arrivée. Et surtout, j'ai compris une chose essentielle : la guérison n'est pas un événement d'un jour mais plutôt un chemin qui parfois peut être lent et incompréhensible. Mais un chemin sur lequel Dieu marche avec nous, même lorsque nous ne le sentons plus.

Je continue ma marche avec Dieu, et il continue à panser mes blessures, une après l'autre même après ce miracle. Et aujourd'hui, je chante victoire. Je chante victoire aux cœurs qui m'ont pris la main, ces merveilleux êtres qui ont prié pour moi sans se fatiguer. Je chante victoire à cet homme qui a su tout aimer de moi, le fiancé devenu plus tard l'homme de ma vie qui a su m'aimer d'un amour divin. Je chante victoire au monde. Et à vous qui sanglotez en silence, alors que je chante victoire aujourd'hui, je vous console sans toutefois assurer l'antidote miracle. À ces êtres qui ont su être sans toutefois être, je déclare victoire sur vous. À toutes les victimes de ce crime, Dieu n'est pas auteur de ce malheur, et non plus, Il n'est pas indifférent. C'est plutôt lui qui peut vous guérir et vous faire comprendre les vérités derrière ce mal.

Bref, après cette longue conversation avec moi-même, j'ai décidé malgré tout de porter cette chemise Elle me rappelle la victoire que Dieu m'a accordée.

Anonyme

VI

Je m'appelle Farley Irimbere. Je suis un artiste professionnel, musicien, arrangeur et producteur. Je suis né de nouveau depuis 2004. Avec du recul, je réalise combien j'étais jeune et immature ; à 12 ans, je n'étais encore qu'un bébé spirituel.

Mon expérience au sein de l'Église a donc commencé très tôt. J'ai découvert que le Seigneur m'avait donné un don extraordinaire, que j'ai commencé à exploiter dès 2006. À partir de mes 14 ans, j'ai appris à jouer des instruments et à chanter dans la chorale. Très vite, j'ai compris une réalité du milieu des églises évangéliques, à l'époque comme encore aujourd'hui : le musicien est souvent vu uniquement comme quelqu'un de talentueux. Pas forcément comme quelqu'un à former spirituellement. J'en faisais partie. Ma base spirituelle était fragile. Très fragile. Et je n'étais pas le seul. Nous étions nombreux à être "appelés" ou plutôt recrutés pour nos capacités, sans véritable fondation biblique. L'Église avait besoin de musiciens. Du talent suffisait.

On me demandait d'être présent aux répétitions. D'être là aux programmes. Et cela semblait suffire. Mais derrière cette apparente simplicité... quelque chose n'allait pas. Avec le temps, j'ai réalisé que ce système ouvrait la porte à des manipulations et à une forme d'exploitation. Et je ne parle pas en théorie. Je l'ai vécu.

Je me souviens de ces moments où l'on me promettait une rémunération après un événement... Et je rentrais chez moi sans rien. Juste des paroles. Des promesses de prospérité. Des engagements jamais tenus. Le désordre était constant. Et peu à peu, la crédibilité s'effondrait. Même les parents en venaient à douter. Douter du sérieux des responsables. Douter de la vérité de ce qui était enseigné. Pendant ce temps, en moi... quelque chose se brisait.

Les blessures se sont accumulées. Année après année. Je vivais entre beaux discours... et faux espoirs. Et ma vie stagnait. Lorsqu'il était question d'argent — concerts, événements gospel, voyages à l'étranger — rien n'était clair. Rien n'était transparent. Cela a fait naître en moi une frustration profonde. Une confusion. Et parfois même une colère silencieuse.

À force de voir le mauvais, j'ai commencé à généraliser. Je ne faisais plus confiance. J'en suis arrivé à croire que rien de bon ne pouvait venir d'un pasteur ou d'un serviteur de Dieu. C'était comme un voile sur mes yeux. Avec d'autres musiciens, nous avons été étiquetés : "mercenaires", "avides d'argent", "pas concernés par l'Évangile". Ces mots m'ont marqué. Profondément.

Puis un jour... quelque chose a commencé à changer. J'ai rencontré de véritables serviteurs de Dieu. Des hommes et des femmes avec un bon témoignage. Une vie alignée. Une base doctrinale solide. Et là, j'ai compris une chose essentielle : La guérison prend du temps. Mais elle est possible. J'ai réalisé que mon salut ne dépendait pas des hommes. Mais de ma relation personnelle avec Dieu. J'ai compris que je devais savoir où je puise. Où je suis enraciné. Parce que si je place ma confiance en l'homme, je serai forcément ébranlé. Alors j'ai fait un choix. Celui de reconstruire ma relation avec Dieu. Jour après jour. Comme mon corps a besoin de nourriture, mon esprit avait besoin d'être nourri en Christ.

J'ai compris que l'Église appartient à Dieu. Et que c'est Lui qui récompense fidèlement ceux qui le cherchent sincèrement. J'ai aussi appris quelque chose d'important : Je ne devais pas guérir seul. J'ai refusé de m'isoler. J'ai choisi de m'entourer de personnes de confiance. Des personnes matures. Avec un bon témoignage. Une communauté qui m'a aidé à me relever... même avec mes questions.

Aujourd'hui, je sais une chose : L'Église parfaite n'existe pas. Le ministère parfait non plus. Le pasteur parfait encore moins. Mais Dieu, Lui, reste parfait. Alors aujourd'hui, je fais un choix conscient : Je guéris. Je sers Dieu. Et je deviens une bénédiction pour les autres. Je me relève. Et j'aide d'autres à se relever. Parce que je crois profondément que le Seigneur a mis un talent en moi. Et je refuse désormais que mes blessures étouffent ce que Dieu veut révéler à travers ma vie.
Le monde attend ma révélation.

Farley IRIMBERE, musicien et producteur

Conclusion

La guérison est possible. C'est un processus. Elle n'est pas toujours instantanée. Elle n'est pas toujours facile. Elle n'est pas toujours visible dès le premier jour. Mais elle est possible. Si tu as été blessé, offensé, trahi, rejeté, abandonné ou profondément déçu, ce livre a été écrit pour réveiller en toi un désir : le désir de guérir. Le désir de pardonner. Le désir d'être restauré. Le désir de ne plus vivre prisonnier d'une douleur que Dieu veut toucher.

Ce livre a été écrit pour t'amener à désirer ce chemin. À désirer la guérison. À désirer la liberté. À désirer la restauration. Il y a des blessures que les mots n'arrivent pas toujours à porter. Des douleurs si profondes qu'elles changent notre manière d'aimer, de faire confiance, de nous ouvrir aux autres et parfois même notre manière de voir Dieu.

Peut-être qu'en lisant ces pages, tu n'as pas seulement découvert des enseignements. Peut-être que tu t'es revu. Dans une trahison. Dans un rejet. Dans une solitude que personne ne voyait. Dans une blessure que tu avais appris à cacher, à ignorer ou à anesthésier. Mais si certaines douleurs sont remontées à la surface, ce n'est pas pour te briser à nouveau. C'est peut-être parce que Dieu est en train de les révéler pour les guérir.

À travers les textes de ce livre et les témoignages partagés, une vérité revient avec force : La guérison est possible. C'est un processus. Nous ne guérissons pas tous au même rythme. Certains guérissent vite. D'autres avancent lentement. D'autres encore doivent revenir plusieurs fois devant Dieu avec les mêmes larmes, les mêmes questions, les mêmes blessures. Mais peu importe le rythme, ce processus doit être entrepris.

Chacun doit l'entreprendre. Car rester blessé est une prison. L'offense est une prison. L'amertume est une prison. Le refus de pardonner est une prison. Les blessures non traitées deviennent une prison. Et cette prison ne vole pas seulement ta paix. Elle vole ta joie. Elle vole ta liberté. Elle vole ta capacité d'aimer. Elle vole ton avenir. Elle peut même voler ta destinée.

Mais la guérison est une clé. Elle restaure. Elle libère. Elle repositionne. Elle nous ramène dans la destinée que Dieu avait prévue pour nous. Jésus a dit qu'Il est venu afin que nous ayons la vie, et que nous l'ayons en abondance. Cette abondance ne parle pas seulement de choses extérieures. Elle parle aussi d'un cœur libre. D'une âme restaurée. D'une personne qui n'est plus contrôlée par ce qu'elle a subi.

Une personne qui peut encore aimer. Encore espérer. Encore avancer. Encore vivre. Oui, pardonner peut sembler impossible. Oui, faire confiance à nouveau peut sembler dangereux. Oui, lâcher prise peut sembler injuste. Mais rester blessé te coûtera toujours plus cher que de guérir.

Alors aujourd'hui, tu es devant un moment décisif. Pas seulement un moment émotionnel. Un moment spirituel. Un moment de vérité. Vas-tu garder tes blessures entre tes mains, ou vas-tu les remettre entre les mains de Celui qui guérit ?

Ne pas embrasser le processus de guérison, c'est renoncer à une partie de ce que Jésus veut restaurer en toi. C'est refuser une liberté qu'Il a déjà rendue possible. C'est rester dans une prison alors que la porte est ouverte. N'abandonne pas Jésus. N'abandonne pas ta vie. N'abandonne pas ta destinée.

Désire la liberté. Ne te contente pas de survivre. Ne t'installe pas dans la douleur. Ne normalise pas la prison intérieure. Ne fais pas de ta blessure ton identité. Désire la guérison.

Ce chemin ne sera peut-être pas facile. Il demandera de l'humilité, du pardon, de la vérité, du courage et de la soumission à Dieu. Mais c'est aussi un chemin de restauration. Un chemin de liberté. Un chemin où Dieu transforme la douleur en témoignage. Ce que tu as vécu ne doit pas être la fin de ton histoire.

Dieu peut prendre tes cicatrices et en faire une source de vie pour d'autres. Il peut restaurer ce que personne ne pouvait réparer. Il peut toucher ce que tu n'arrivais même plus à expliquer. Alors, n'endurcis pas ton cœur. Ne ferme pas cette porte. Réponds à l'appel de Dieu. Ose venir à Lui tel que tu es. Ose pleurer devant Lui. Ose pardonner. Ose guérir.

Car au bout de ce chemin, il n'y a pas seulement la guérison. Il y a une version restaurée de toi.

Libre. Vivante. Réconciliée. Debout.

La guérison est possible. C'est un processus. Et ce processus peut commencer maintenant. Dieu marche avec toi.

Votre témoignage compte.

Si le livre GUERI vous a touché, scannez ce QR code et partagez en quelques mots ce que cette lecture a produit en vous.

DU MEME AUTEUR

Procurez-vous ce
livre sur Amazon
en scannant ce
code

Made in the USA
Monee, IL
05 November 2026

67811466R00085